農の同時代史

——グローバル化・新基本法下の四半世紀

Kishi Yasuhiko
岸 康彦

創森社

まえがき

この本は一九九五年から新型コロナウイルス感染症が蔓延し始めた二〇二〇年春までの四半世紀に、農の世界で何が起きたかを追求したものである。

九五年にはウルグアイ・ラウンドの結果としてＷＴＯ（世界貿易機関）が発足した。米が一定の枠内ではあるが恒常的に輸入されるようになり、それに対応するため食管法に代わって食糧法が制定された。二〇世紀の終盤、日本が本格的にグローバル化時代に足を踏み入れた時期である。

四年後には三八年間生きながらえてきた農業基本法が廃止され、食料・農業・農村基本法が制定された。「農業」から「食料・農業・農村」へ。同じ基本法でもこの違いはきわめて大きい。もっぱら農業の発展と農業従事者の地位の向上を目指した農業基本法と異なり、食料・農業・農村基本法は農業政策だけでなく国民全体のための食料政策、農業生産の場であり農家の生活の場でもある農村政策を三本柱として、一体的に進めることをうたっている。

新しい基本法の下、人口減少と高齢化の中で、農業構造と農村社会の変化は農業基本法時代とは比べものにならないほど急ピッチである。農業経営の法人化が進み、企業の農業参入が普通のことになった半面で、小農・家族農業こそ農業本来の姿だと主張する人々もいる。農業協同組合の組合員も旧基本法時代には考えられなかったほど多様化した。人口減少と高齢化で「地方消滅」の危機が叫ばれる一方では、若者たちの「田園回帰」や「関係人口」の増加がクローズアップされている。

*

その新基本法も制定から二〇年、TPP協定への参加などグローバル化への積極的関与や、小泉純一郎政権以来の規制緩和の潮流の中で、一部では見直しを求める声も出始めている。変化の速いこの時代、二〇年は決して短い期間ではない。そろそろ立ち止まり、振り返って見る時かも知れない。

実際に改正するかどうかはさておき、食料・農業・農村基本法の掲げる四つの基本理念「食料の安定供給の確保」「農業の持続的な発展」「多面的機能の発揮」「農村の振興」がどこまで実現しているか、していないのか、このあたりで総括してみることは有益である。改正の機会がないまま生き恥をさらしたかのような農業基本法の轍を踏んではならない。この本をそのための一つの手がかりにしたいと願いつつ筆を進めた。

いちおうの区切りを一九九五年からとしたが、時代の節目は「この年からこの年まで」ときっぱり線引きすることが難しい。例えば新しい基本法を考えるのに、一九九二年の「新しい食料・農業・農村政策の方向」（新政策）を抜かすわけにはいかない。「地方消滅」論を吟味するには、少なくとも一九九一年の「限界集落」論に立ち返ることが不可欠である。これ以外にも、必要に応じて時計の針を逆回転させ、変化の始まりを探った。

＊

書名を「現代史」でなく「同時代史」としたことには私なりのこだわりがある。目の前で生々しく動いている現実、私自身も同時代人としてその一部に組み込まれている現実を描くのに、一定の評価を得て言わば客観化されつつある「現代史」という言葉より、「同時代史」の方がしっくりする、ということである。専門の研究者からは言葉の乱用だとお叱りを受けるかも知れないが、私の思いを「同時代」に託してみた。

この四半世紀における折々の証言、データなどを紡ぎながら、農業・農村の内実と潮流を具体的に照らし出すよう努めた。大転換期にあたり、農と食を誰がどう支えるかを探るうえで、何かしらヒントを見つけていただければ幸いである。

それにしても、1章や2章には堅苦しい名前の法律や制度が次々に登場し、慣れない読者には取っつきにくいかと思われる。本書は編年体で書かれているわけではないから、章の順を気にせず、関心のある章から読み始めることをお奨めしたい。

著　者

2章――さまよう米

3章 ── 農業・農村を誰が支えるか　115

● MEMO ●

◆年号は原則として西暦に統一し、必要に応じて和暦を加えました。

◆法律、組織名は初出の際に「略称（フルネーム）」の形で示し、以後は原則として略称にしています。

◆法律は実際にその効果が発生する時を重視し、原則として施行日を記しています。

◆文中に登場する方々の所属、肩書は当時のものとし、敬称は略させていただきました。

◆引用文のうち明らかな言葉の間違いなど一部は修正したところがあります。

◆引用・参考文献は単行本に限定し、論文、エッセイ、講演記録などは注釈で紹介しました。

にぎわう農産物直売所（福島県郡山市）

1章

農業基本法から食料・農業・農村基本法へ

コンバインによる稲刈り（栃木県野木町）

1　長すぎた道のり

押し寄せるグローバル化の波

日本の農政の二〇世紀末は新しい基本法づくりの時だった。農業基本法に代わる食料・農業・農村基本法案は一九九九年三月に国会に提出され、一部修正のうえで七月一二日、日本共産党を除く各党派の賛成により成立、四日後に公布・施行された。三八年間生き長らえた旧基本法はついに廃止された。

旧基本法は一九六一（昭和三六）年に制定され、農業所得だけで他産業従事者と同等な生活を営める「自立経営農家」が日本農業の大宗を成すようにすることを目指したが、目標を達成できないままとっくにその役割を終えていた。そこへグローバル化の波が押し寄せ、ひ弱な日本農業が世界の農業とまともに競争せざるを得ない時代になった。

九一年、旧基本法は三〇周年を迎えた。その年二月、近藤元次《もとじ》農相が、三〇周年を機に「見直すかどうかも含めて勉強したい」と発言し、これが新しい基本法に向けての最初の一歩となった。五月には農林水産省内に「新しい食料・農業・農村政策検討本部」も設けられた。しかし実際に新法が日の目を見るまでには八年もかかった。

近藤発言のあった年、バブル経済の崩壊で、日本経済は後に「失われた一〇年」、さらには「失われた二〇年」とまで呼ばれる長いトンネルに入り込んだ。そのころ、農業もまた内外からのプレッシャーにさらされていた。

外からは貿易自由化の波がそれまで以上に大きくなった。農産物輸入の自由化は七〇年代から徐々に進められてきたが、八六年に始まったガット（GATT、関税と貿易に関する一般協定）の多角的貿易交渉（ウルグアイ・ラウンド）では、いわば最後のとりでだった米にも市場開放の要求が及んだ。九三年に細川護熙《もりひろ》内閣が部分開放を受け入れたことで、農政はグローバル化時代に対応するための決定的な方向転換を求められた。

その米は、六〇年代後半に供給過剰がはっきりし、七〇年から他の作物へ転作するなどして生産調整を続けていたが、2章で見るように九〇年代になっても転作作物の決定版は見つかっていなかった。米が余る一方で麦や大豆、飼料用のトウモロコシなどは毎年、大量の輸入が続いている。かと思えば、九三年の大冷害による凶作で一挙に米不足に陥り、政府は急きょ二五九万トンもの米を輸入した。当時の年間消費量の四分の一が外国産米に取って代わられたのである。翌年春には消費者が国産米を求めてスーパーマーケットなどの米売り場へ殺到し、「一人一袋だけ」などと制限付きの米を奪い合う「平成コメ騒動」が起こった。余っているはずの米が足りないという現実に、農政不信は国民全体に広がった。

食料の過剰と不足が並存する中で、日本の食料自給率(注1)は八九年に五〇%を割った。自給率は低いのに他方では耕作放棄地が増え続け、九〇年には二一・七万ヘクタールと東京都の総面積（二一・九万ヘクタール）に迫るほどになった。耕作放棄地とは、何らかの事情で一時的に耕作しない「休耕」と異なり、過去一年以上作付けせず、しかもこの数年の間に再び耕作する意思のない土地を言う。九〇年代に入った日本では、旧基本法が目指した「自立経営農家の大量育成」にはほど遠い状況が拡大し、国内的にも農政の仕切り直しは避けられない情勢だったのである。

「くらしといのち」の新法を

ウルグアイ・ラウンドが最大のヤマ場を迎える中、農水省は九二年六月、一年余りの検討結果を「新しい食料・農業・農村政策の方向」（略称「新政策」）として発表した。「新政策」は表向き「論点整理と方向付け」という控え目な位置付けだったが、「食料・農業・農村」と三語を連結する農政の新しい柱立てをはじめ、後に食料・農業・農村基本法として定まる農政の基本方向は多くがここで芽を出している。農村の民主化を実現した農地改革、他産業と肩を並べられる農業経営の実現を目指した農業基本法に次ぐ戦後三度目の農政大改革は事実上、この時にスタートした。

とは言え、「新政策」はウルグアイ・ラウンドの進行を横目でにらみながら作られたものであり、ラウンドが終わればまずそれへの対応を急がなくてはならない。政府がようやく新基本法の検討に着手することを宣言したのは、ラウンド対策のメドが立った九四年、自由民主党、日本社会党、新党さきがけの三党連立による村山富市内閣時代の「ウルグアイ・ラウンド農業合意関連対策大綱」においてである。

日本にとってラウンド最大のテーマは米の市場開放問題、具体的には外国産農産物への対抗手段のうち輸入数量制限などはやめて関税だけにするという「包括的関税化」を米についても受け入れるかどうかだった。細川内閣は米だけは関税化の例外扱いとする代わりに、最低限の年間輸入量（ミニマム・アクセス）を設定し、その量を毎年増やしていくことで幕引きとした。

「ミニマム」とはいえ、それまでと違って恒常的に米が入ってくるとなると、太平洋戦争中の一九四二（昭和一七）年に制定された食管法（食糧管理法）には輸入に関する規定がないなど事態の変化に対応できず、九四年に同法を廃止して食糧法（主要食糧の需要と供給の安定に関する法律）を定めた。食糧法制定の経緯とその後については２章で取り上げるが、年年増えるミニマム・アクセスの重圧に耐えきれず、結局は米も関税化することになる。

米問題が一区切りついたことで新基本法への地ならしはできた。農水省はまず九五年九月から、「農業基本法に関する研究会」（座長＝荏開津《えがいつ》典生《ふみお》千葉経済大学教授）で旧基本法の成果と残された問題点を洗い出した。その報告を踏まえてさらに九七年四月、総理府（現・内閣府）に「食料・農業・農村基本問題調査会」（会長＝木村尚三郎《しょうさぶろう》東京大学名誉教授）を設け、法案作成のための議論を開始した。

新しい基本法の中身に大きな影響を与える調査会の会長に、政府がフランス中世史の研究者として知られる木村を選んだことがこの時代を反映している。旧基本法制定の前に設けられた農林漁業基本問題調査会の会長は日本を代表する農業経済学者の東畑《とうばた》精一（東京大学名誉教授）だった。東畑は農業にも経済合理主義を導入し、産業としての自立を図ることを目指した点で高度経済成長期の農業を検討する場にふさわしい人物だった。これに対し木村は八八年に書いた『「耕す文化」の時代』などの著作を通じ、農業を産業としてだけでなく人類が生んだ文化としても再評価した。バブル経済崩壊から続く長期不況の中、効率第一主義の経済への反省や環境問題への関心の高まりが背景にあった。

九八年九月にまとまった調査会答申の「はじめに」と「おわりに」には、この種の文書には珍しく、いかにも木村らしい表現が何か所も見られる。「おわりに」から一例を引いておこう。

「人々は『くらしといのち』の根幹に関わる食料と、それを支える農業・農村の価値を再認識し、これに対する評価を高めねばならない。（中略）人と自然の心地よい関わり、美しい生活空間としての農村の創造に留意する感覚を回復し、『くらしといのち』の安全と安心を確立していくことが、これからは特に求められる。」

「くらしといのち」は木村が調査会の議論の過程でとりわけ強調したことで、答申に先立って刊行された木村の著書『美しい「農」の時代』にもこの言葉が繰り返し出てくる。「はじめに」と「おわりに」には、二一世紀を迎えようとする日本への木村からのメッセージが込められていた。

旧基本法が描いたシナリオ

農業基本法は他の法律の改正などに伴ってやむを得ず字句の修正が必要になったケースを除き、制定時の姿を最後まで保った。事実上一度も改正されることのなかった旧基本法が残したものは何だったのか。九六年に出された農業基本法に関する研究会の報告が簡潔に整理している。

まず旧基本法が描いた日本農業発展のシナリオは次のようなものだった。

（1）日本経済の高度成長により、過剰就業状態にある農業人口が他産業に吸収され、農家戸数も減少する。
（2）離農したり経営規模を縮小する農家の農地を規模拡大したい農家に集めることで経営規模の拡大、生産性向上が進む。
（3）農業生産の重点は畜産物、果実など需要の伸びが期待される農産物に選択的にシフトする。
（4）この結果、農業所得だけで他産業従事者と均衡する生活を営める自立経営が広範に育成される。

このようなシナリオで始まり、三八年間続いた「基本法農政」の結果はどうだったか。

（1）農業の生産性は相当程度向上したが、他産業との比較では依然として大きな格差が残った。
（2）一部を除いて経営規模の拡大などによる農業構造の改善は進まず、自立経営の広範な育成は実現されなかった。
（3）他産業従事者との所得均衡は農家平均では達成されたが、それは農業所得でなく主として兼業所得の増大によるものだった。

以上から報告は、農業発展のシナリオは「畜産物、果実、野菜等において選択的拡大が進

表1－1　主要品目の収量と労働時間の推移

年産	水稲（10a当たり）		小麦（10a当たり）		生乳（1頭当たり）	
	収量（kg）	労働時間	収量（kg）	労働時間	乳量（kg）	労働時間
1960	371 (100)	172.9 (100)	217 (100)	109.6 (100)	4,121 (100)	633 (100)
1970	431 (116)	117.8 (68)	275 (127)	57.9 (53)	4,424 (107)	295 (47)
1980	471 (127)	64.4 (37)	298 (137)	15.7 (14)	5,006 (122)	173 (27)
1990	494 (133)	43.8 (25)	348 (160)	8.6 (8)	6,383 (155)	134 (21)
1997	504 (136)	36.8 (21)	376 (173)	6.5 (6)	7,206 (175)	124 (20)

（出所）食料・農業・農村基本問題調査会答申参考資料。
（注）カッコ内は1960年産を100とした指数。

んだこと等部分的には実現したものの、全体的にみた場合、当初の構想どおりには進まなかった」と結論づけた。

生産性について農業の名誉のために付け加えておけば、「基本法農政」の時代に農業の生産性が向上しなかったわけでは決してない。例えば米の一〇アール当たり労働時間は、農業基本法制定の前年である一九六〇年から三七年間に約五分の一に減った。生乳生産の牛一頭当たり労働時間もほぼ同じ減り方だった（**表1－1**）。しかし日本経済が高度成長を続ける中で他産業の生産性向上のスピードも速かったため、比較生産性が大幅に縮まるところまでは行かなかったのである（**表1－2**）。養鶏や養豚、ハウス栽培の野菜、花きなど、広い土地を必要としない施設型の農業ではどんどん規模拡大が進んだ

表1－2　農業の比較生産性の推移　(単位：%)

年度	農業/製造業	農業/非農業
1960	20.7	25.9
1970	22.6	25.3
1980	26.4	27.0
1990	28.5	30.2
1997	26.3	26.2

(資料) 平成9、10年度農業白書附属統計表。
(注) 就業者1人当たり純生産による比較。

ことも見逃してはならない。

見抜けなかった地価と兼業化

肝心なのは、基本法農政の下で、いつも「零細」というまくらことば付きで呼ばれてきた日本農業の構造そのものが変わったかどうかである。旧基本法では「農業構造改善」を「農業経営の規模の拡大、農地の集団化、家畜の導入、機械化その他農地保有の合理化及び農業経営の近代化」(第二条)と定義していた。研究会報告に「農業構造の改善は進まず」とあるのは、ひと口に言えば、他産業に就職しても農地を手放す農業者が少なく、農業ひと筋に生きようとする意欲的な農家の経営規模拡大を妨げたことを意味している。

旧基本法が想定した通り、高度成長を続ける二次、三次産業は農村から労働力を吸引し、農業就業者はどんどん減った。しかし、農家の数はそれほど減らず、兼業農家として残った。その過程を単純化して描いてみよう。子どもたちは学校を出ると都会へ出て就職し、家には両親と祖父母が残って農業を続けた。そのうち父親も就職し、残るはじいちゃん、ばあちゃん、母ちゃんの三人となった。俗に言う「三ちゃん農業」である。それでも農家は農家である。

兼業農家は二つのサイフを持つことで他産業就業者に負けないほど豊かになっただろうか。確かに兼業によって農家の所得は底上げされ、全農家の平均で見ても農家の総所得は六三年度に勤労者世帯を超え、七二年度になると世帯員一人当たりでも農家が上回った。しかし、勤めに出るには農業にかける手間と時間を節約して労働生産性を高める必要がある。性能の良い機械を買うのに農業収入だけでは足りず、兼業収入まで注ぎ込んでしのぐ農家も多かった。これを「機械化貧乏」と呼んだ。

宅地化が進み、農地は有力な資産に（神奈川県大和市）

機械化貧乏を嘆くぐらいなら、農地を売るなり貸すなりして離農する気にならなかったのか。しかし高度成長下で宅地や工場用地の価格は年々上昇した。その影響は農地にも及び、生産手段であるはずの農地が有力な資産となったから、簡単に手放す気にはならない。こうなっては構造改善どころではない。農林漁業基本問題調査会の会長をつとめた東畑精一は旧基本法制定からわずか六年後の六七年、ジャーナリストたちを前にした対談の中で、調査会当時は地価の騰貴と兼業化の進行を見抜けなかったと告白した。(注2)

それにもかかわらず、旧基本法は三八年間も廃止どころか改正されることさえなかった。農林省（現・農林水産省）事務次官経験者の中野和仁《かずひと》は基本法農政が一定の成果をあげたと評価する立場だが、近藤農相が「勉強したい」と発言したのと同じ九一年には、「現行農業基本法は最早卒業したと考えた方がよい」と書いている。なぜなら「政治も行政も農業団体も基本法に照らして物を考えるような発想は既になくなって久しい」からである。(注3)

農業基本法は名前の通り農業に関する基本的な考え方を定めた「理念法」であり、個々の政策を直接に規制するものではない。それだけに、改正または廃止しなくてもにわかに農業政策が実施できなくなったり、ましてや農業者の誰かが困るというものではなかった。旧基本法は現実の政策から浮き上がり、いわば空気のような存在になっていた。ウルグアイ・ラウンド交渉の妥結、より具体的には米の市場開放という難局に直面して、ようやく脱・農業基本法の機は熟したのである。

〈注釈〉

（注1）食料自給率にはいろいろな計算方法があるが、日本では通常、供給熱量総合食料自給率（カロリーベースの自給率）を指す。国産の食料による供給熱量を、輸入品を含む総供給熱量で割ったもの、つまり（食料の国産供給熱量÷食料の国内総供給熱量）×100である。

（注2）團野信夫との対談「日本農業と国際競争力」。農政ジャーナリストの会編『日本農業の動き』第一〇号「訪れた国際化時代」一三ページ。ちなみに『日本農業の動き』はこれより早く六六年の第六号で「行きづまる農基法」を特集している。

（注3）中野和仁「農業基本法三〇年」。全国農地保有合理化協会『土地と農業』第二一号四ページ。後に『その時々に』（私家版、一九九九年）二九三ページに収録。これは中野一人の思いではない。著者自身も、やはり事務次官経験者である田中宏尚から「長らく農水省にいたが、農業基本法を意識して政策を考えたことはない」と正直な感想を聞いたことがある。

2　新基本法の「二正面作戦」

四つの基本理念

食料・農業・農村基本法は名称からして旧基本法とは大違いである。「農業」から「食料・農業・農村」へ。三つのキーワードを「・」でつなぐという珍しい法律名はなぜ生まれたのだろうか。官僚グループが作った解説書(注1)にも、「法令形式上極めて異例な題名」と書かれている。

旧基本法はあくまでも「農業の発展と農業従事者の地位の向上」(第一条)のための法律だった。そこには「消費者」も「食品産業」も出てこない。六一年の制定当時、日本は食料不足の時代から抜け出したばかりで、食料を供給する農業の大切さを国民の誰もが実感していた。しかし二〇世紀も終盤になると、農業はGDP(国内総生産)で見ても就業者数で見ても全くの少数派である。貿易の自由化が進むにつれ、輸入品に比べて国産農産物の価格の高さがいやおうなく消費者の目につく。八〇年代後半には、農業団体が市場開放に反対し、国が各種の価格安定制度で下支えしてきた農産物価格の引き下げに抵抗するのに対し、財界を中心に「農業たたき（バッシング）」と呼ばれるほど強い批判が起きたこともある。

こういう時代背景の中で、先に述べた「新しい食料・農業・農村政策の方向」（新政策）は政策展開の方向として「国民のコンセンサスの確立」「消費者の視点」を強調した。新しい基本法は「新政策」が初めて使った「食料・農業・農村」というタイトルをそのまま引き継いでいる。農業政策にとどまらず、国民全体のための食料政策、農業生産の場であり農家の生活の場でもある農村を振興する政策、この三つを不可分のものとして一体的に進めようというのである。「・」の意味はここにあった。

そのための基本理念として、新しい基本法は第二～五条に「食料の安定的供給の確保」「多面的機能の発揮」「農業の持続的な発展」「農村の振興」の四つを掲げている。「国民生活の安定向上及び国民経済の健全な発展」（第一条）には食料の安定供給の確保と多面的機能の発揮が必要であり、それには農業の持続的な発展とその基盤としての農村の振興が不可欠である、という関係になる（**図1・1**）。

まず「食料の安定供給の確保」（第二条）については、「国内の農業生産の増大を図ることを基本とし、これと輸入及び備蓄とを適切に組み合わせて行われなければならない」「食料の供給は、農業の生産性の向上を促進しつつ、農業と食品産業の健全な発展を総合的に図る」

図１－１　四つの基本理念の関係

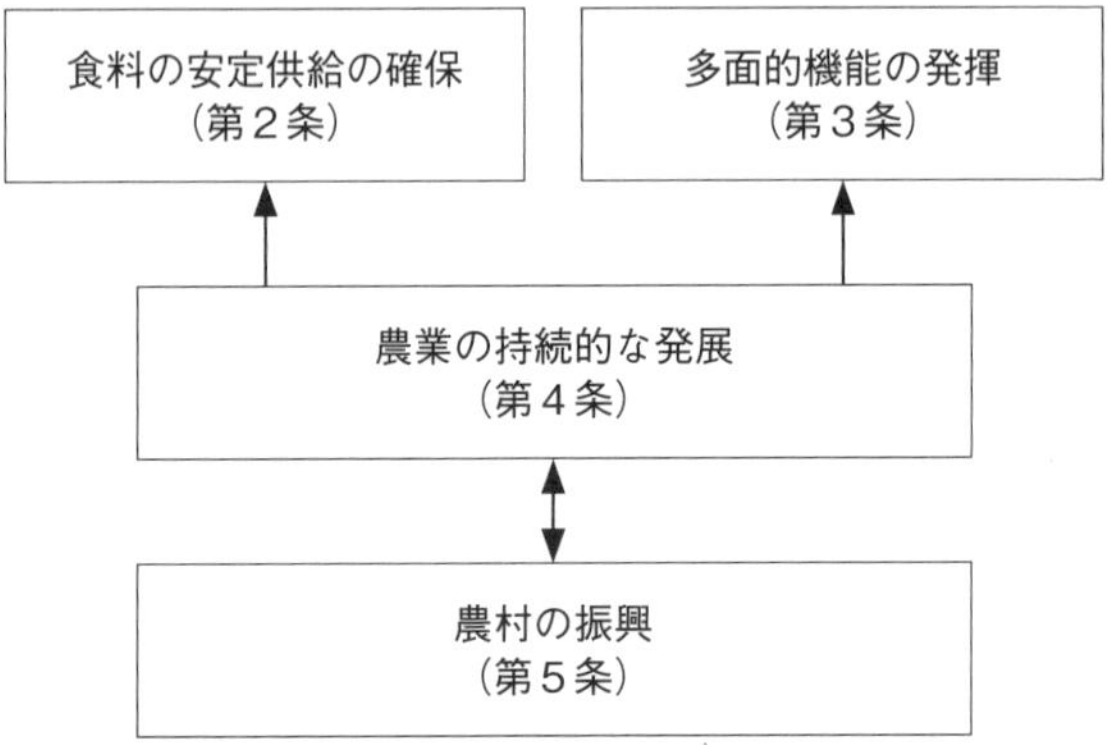

（注）農水省資料を基に作成。

としている。当たり前のことのようにも読めるが、傍点を付けた部分は政府案が「国内の農業生産を基本とし」だったのを、国会審議の過程で「の増大を図ること」が追加されたものである。国に対し、農業生産の縮小は許さないと求めたわけである。ただし後に見るように、結果はこの念押しの効果もなく、農業生産は縮小の一途をたどっている。

　ここで四つ目の基本理念に飛ぶ。「農村の振興」（第五条）とは「農業の生産条件の整備及び生活環境の整備その他の福祉の向上」を意味している。これまた当然のことだが、そのすぐ前には「農産物の供給の機能及び多面的機能が適切かつ十分に発揮されるよう」という言葉がある。農産物の供給以外に、二つ目の基本理念である「多面的機能の発揮」（第三条）も踏まえているわけだが、では多面的機能とは何か。

　第三条では「国土の保全、水源のかん養、自然環境の保全、良好な景観の形成、文化の伝承等農村で農業生産活動が行われることにより生ずる食料その他の農産物の供給の機能以外の多面にわたる機能」を「多面的機能」と呼んでいる。一六年後の二〇一五年に施行された多面的機能発揮促進法（農業の有する多面的機能の発揮の促進に関する法律）第三条の定義も同文である。

多面的機能をよりどころに

農業と農村の持つ多面的な機能については、すでに一九八〇年代から目が向けられていた。例えば八〇年の農政審議会答申「八〇年代の農政の基本方向」では、農村整備の必要性を述べた箇所に農村の「多面的な機能」をあげている。国際的には九二年のOECD（経済協力開発機構）農業大臣会合で初めてmultifunctionalityという言葉が公式に使われたとされる。(注2) OECDはその後の研究で、多面的機能は農業生産活動に伴って農産物と一体的に生産される「結合生産物」joint productsであると認めている。

新基本法の検討が進められていたころには、ウルグアイ・ラウンド合意に基づいて新たに組織されたWTO（世界貿易機関）の次期交渉開始が日程に上りつつあった。いかにして交渉を有利に進めるか。農政当局は終始、WTOを意識しながら準備を進める。食料・農業・農村基本問題調査会の終盤に農水省の事務次官となった髙木勇樹《ゆうき》は、ウルグアイ・ラウンド合意以来「私どもは、次の交渉に向けて（中略）農政の転換を図らなければならない、という思いのなかで、この基本法の議論を始めた（注3）」と振り返っている。

ガットと同様にＷＴＯも自由貿易の促進を主な目的としている。日本は交渉開始に向けて九九年と二〇〇〇年の二度にわたり、農業に関する交渉姿勢を示す「日本提案」を提出した。そこでは「多様な農業の共存」を呼びかけ、具体的な交渉のあり方として真っ先にあげたのが「農業の多面的機能に対する配慮」だった。交渉で農業に関しては受け身の立場にある日本は、農政の根幹となる基本法に「多面的機能の発揮」を盛り込むことで、交渉のよりどころにしようとしたのである。

しかし、新しい考え方である多面的機能については、当時まだ国内でも十分に理解されていたわけではない。農水省官房長として法案の策定に中心的に関わった髙木賢《まさる》がその時の苦労話を書いている。

「（多面的機能は）農林水産省の者にとっては自明のことと思っていたが、多面的機能のいくつかに異論を言う省庁があるのに往生した。しかしＷＴＯの次期交渉をにらむと何としても多面的機能の発揮は一条を起こして適切に位置づけなければならない。（法案の）閣議決定直前まで厳しい折衝が続き、（中略）土日を通じた徹夜の交渉を行い、月曜日の夜明けに至って決着をみた。（注4）」

効率的・安定的経営と自然循環機能

さて残る基本理念は「農業の持続的な発展」（第四条）である。具体的には①望ましい農業構造が確立されるとともに、②農業の自然循環機能が維持増進されることによって、農業の持続的発展が実現するとしている。言い換えれば、①と②のどちらが欠けても農業の持続的発展はない、ということになる。

「望ましい農業構造」について、第四条は「必要な農地、農業用水その他の農業資源及び農業の担い手が確保され、地域の特性に応じてこれらが効率的に組み合わされた望ましい農業構造」という条文になっているが、これでは抽象的過ぎてほとんど説明になっていない。そこで望ましい農業構造に触れた第二一条を見ると、「効率的かつ安定的な農業経営（中略）が農業生産の相当部分を担う農業構造」とある。「効率的かつ安定的な農業経営」とほぼ同じ言葉は一九九二年の「新政策」から農水省が用いてきたものであり、新基本法下の農政においても最も重要なキーワードの一つとなる。

しかし抽象的な点では「効率的かつ安定的な農業経営」とて同様である。これについて新基本法には何の定義もなく、先の解説書には「効率的な生産により高い生産性と収益性を確保し、所得を長期にわたって継続的に確保できる経営体（注5）」とあるものの、やはり具体的なイメージにはつながらない。そこで改めて「新政策」に立ち返ると、稲作のような土地利用型農業の望ましい経営体の目標として「主たる従事者の年間労働時間は他産業並みの水準とし、（中略）生涯所得も地域の他産業従事者と遜色ない水準」という表現をしており、国会答弁では新基本法案二一条でも「その精神を引き継いでおります」[注6]と説明されている。

旧基本法が農業で他産業並みの年間所得をあげられる家族経営（自立経営農家）を目標としていたのに対し、新基本法ではサラリーマンの退職金などを含む生涯所得で負けないだけでなく、「朝は朝星、夜は夜星」と言われた長時間労働からも抜け出すことを目指したのである。「新政策」策定時点の試算では、他産業並みの生涯所得は二億〜二億五〇〇〇万円、年間労働時間は一八〇〇〜二〇〇〇時間とされた。

持続的発展のもう一つの要件である農業の自然循環機能とは「農業生産活動が自然界における生物を介在する物質の循環に依存し、かつ、これを促進する機能」（第四条）を言う。これまた難解な条文だが、第三二条ではもう少し具体的に、自然循環機能の維持増進を図るため国に求められる施策として「農薬及び肥料の適正な使用の確保、家畜排せつ物等の有効利用による地力の増進その他」を示している。

これについて政府は国会答弁で「環境保全型農業のほかに、リサイクルなり生態系の保全という意味合いを含ませ」てこの言葉に「集約した」と説明した。[注7]新基本法制定の後、平成一二（二〇〇〇）年度の食料・農業・農村白書では、「自然循環機能の維持増進」の内容として、環境と調和のとれた農業生産以外に、家畜排せつ物の適切な管理・利用、食品や農畜産物に由来する有機性廃棄物の資源化・リサイクル、農業用ハウスに使ったプラスチックなど農業生産資材のリサイクルをあげている。

「見通し」と「計画」

旧基本法は政府に対し、重要な農産物について需要及び生産の長期見通しをたてて公表することを義務付けていたが、これはあくまで「見通し」であり、個々の法令や施策・予算に対し「法的規制力」を持つものではなかった。だからこそ政治家も官僚も、中野和仁が言うように「基本法に照らして物を考えるような発想」を忘れてしまった（注8）のである。新基本法はこの苦い経験に学び、施策の総合的かつ計画的な推進を図るために食料・農業・農村基本計画を定め、おおむね五年ごとに見直すことを義務付けた（第一五条）。こちらは単なる「見通し」でなく、政府として実施に責任を負うべき「計画」である。

二〇〇〇年三月に策定された食料・農業・農村基本計画（第一次）に、一〇年程度後つまり二〇一〇年ごろを目標とする「効率的かつ安定的な農業経営」の展望が示されている。前提条件としておおむね「新政策」と同様に、主たる従事者の年間労働時間は原則として一八〇〇時間、上限二〇〇〇時間としたほか、農繁期でも一日一〇時間を超えないことを加えた。また生涯所得は二・二億～二・八億円と、九二年策定の「新政策」よりやや多くした。

日本は気候や地形が変化に富んでいるから、ひと口に農業経営と言っても多種多様である。基本計画には「北海道の酪農法人経営」「関東以西のかんきつ家族経営」といった具合に三〇を超える経営タイプが列挙されている。その中で、米と麦、大豆などを組み合わせた水田作の場合、標準的な経営規模は家族経営で一〇～二〇ヘクタール程度、生産組織では三五～五〇ヘクタールと展望した。さまざまな前提条件を置いての試算結果ではあるが、この程度の規模になると、労働時間は当時の水稲平均に比べ四～六割に、一〇アールにかかる費用も五～八割に減らせると見ている。

再確認すれば、自然循環機能を維持増進しながら、規模拡大などにより効率的・安定的な経営を実現する、これが新基本法の目指す農業の姿である。効率的経営の実現はWTOのスタート、その後にまとまったTPP（環太平洋パートナーシップ）協定の下でさらに進むグローバル化に対応するために必要な条件だが、自然循環機能に配慮しつつそれを実現するのは決して容易なことではない。仮に「効率」化が期待通りに運んだとしても、自然を相手に生き物を生産する農業経営が「安定」する保証があるわけでもない。新基本法は困難を承知で二正面作戦をとらざるを得なかった。日本農業はこの重い命題を抱えて今日もなお苦闘を続けている。

〈注釈〉

（注１）食料・農業・農村基本政策研究会編著『〔逐条解説〕食料・農業・農村基本法解説』二一ページ。
なお二〇一四年になって「まち・ひと・しごと創生法」ができた。

（注２）ＯＥＣＤ著・空閑《くが》信憲《のぶのり》ほか訳『ＯＥＣＤリポート　農業の多面的機能』まえがきiページ。

（注３）大内力《つとむ》編集代表『日本農業年報46・新基本法―その方向と課題』二〇八ページ。

（注４）高木賢「私記『食料・農業・農村基本法』制定経過」。富民協会『農業と経済』一九九九年一二月臨時増刊号、五七ページ。

（注５）前掲『〔逐条解説〕食料・農業・農村基本法解説』七五ページ。

（注６）一九九九年五月二〇日の衆議院農林水産委員会における高木賢農水省官房長の答弁。

（注７）一九九九年六月八日の参議院農林水産委員会における高木賢農水省官房長の答弁。

（注８）二二ページを参照。

3　中山間直接支払いの開始

面積で七割を占める

インターネットで「棚田」を検索すると、四季折々に美しい棚田の写真が数え切れないほど出てくる。傾斜地に造られた大小さまざまな棚田は「千枚田」とも呼ばれ、農村景観の中でもとりわけ人気が高い。

国民全体の財産である見事な棚田は、そこで農業が営まれることによって維持されてきた。もともと平地の少ない日本で、傾斜地でも稲作ができるようにと、先人たちが長い年月をかけて築き上げたのが棚田である。けれども傾斜地での労働はきつい。高低差が大きいから、平地と違って一枚一枚の区画を広げることが困難で、農業機械が入りにくいために生産性は低い。つまり生産コストが高く、価格競争力は弱いことになる。農業者の減少と高齢化が進む中で、棚田は放っておけば時とともに消滅することが懸念され、そのことは農山村の衰退に直結する。

食料・農業・農村基本法は第三五条で、棚田地域のような「山間地及びその周辺の地域その他の地勢等の地理的条件が悪く、農業の生産条件が不利な地域」を「中山間地域等」と呼び、産業の振興、生活環境の整備と合わせて「農業の生産条件に関する不利を補正するための支援を行うこと等により、多面的機能の確保を特に図るための施策を講ずる」と定めた。

新基本法を待っていたかのように、中山間地域と平坦な地域との生産コストの差を国の交付金でカバーする制度が創設された。二〇〇〇年度に始まった中山間地域等直接支払制度がそれである。農水省は新基本法案が国会に提出される前から「中山間地域等直接支払制度検討会」（座長＝祖田《そだ》修《おさむ》京都大学教授）を設けて直接支払いの手法を検討するなど準備を整えていた。

中山間地域というと、大都会に住む人にとっては辺境と感じられるかも知れない。具体的にはどういう地域だろうか。

農林統計では日本の農業地域を耕地と林野の占める割合や傾斜度などにより都市的地域、平地農業地域、中間農業地域、山間農業地域の四つに区分している。中山間地域はこのうち山間と中間を合わせた地域のことである。なお基本法第三五条で「中山間地域等」と「等」が付いているのは、中山間地域以外でも離島振興法や半島振興法など地域振興のための各種法律の対象になっている地域を含むことを指向している。

中山間地域は平地に比べ農業生産の条件が悪いから、どうしても耕作放棄地が発生しやすい。中山間地域等直接支払制度ではこうした地域において、農業者が集落を単位として協定を結び、農業生産活動を五年以上継続する場合、面積に応じて平地との生産コストの差に相当する額の交付金が支払われる。協定には地域の一団の農用地（農地または家畜のための採草放牧地）で耕作放棄地の発生を防ぐとともに、水源かん養、洪水防止、土砂崩壊防止などの多面的機能を発揮するのに役立つ活動を盛り込む。

この制度の画期的な点は、農業者を支援する方法として国による直接支払いという新しい政策手法を取り入れたことである。新基本法の下で農政はいろいろな面で変わったが、中でも変化を鮮明に示したことの一つはこの点にあった。

直接支払いとは英語の direct payment の訳語で、国や地方自治体が対象者（この場合は農業者）に直接、財政資金から交付金を支払って支援することを言う。直接支払いは他の支援策とどう違うのだろうか。

農業の振興あるいは農業者の支援という場合、伝統的な政策の主流は価格安定（支持）制度である。具体的な方法としては、市場価格があらかじめ定めた最低価格水準を下回った場合に政府が買い上げる最低価格保証制度、価格が一定の範囲からはみ出さないよう国や特定の機関が売買操作や調整保管を行う安定帯価格制度など多様な手法がある。極端なケースとして、かつて食糧管理制度の下で米は農家が販売する全量を国が定める価格で買い上げていた。安い外国産米をシャットアウトするため輸入も禁止されていた。こうして米生産者は価格支持による保護を受けていたわけである。

消費者負担型から財政負担型へ

農業基本法では重要な農産物について「価格の安定を図るため必要な施策を講ずる」（第一一条）と定めていた。これに対し新基本法では農産物の価格が「需給事情及び品質評価を適切に反映して形成されるよう、必要な施策を講ずる」（第三〇条）と、市場メカニズムを重視している。前者は価格の安定に国が責任を持つと宣言しているのに対し、後者は価格の形成が適切に行われれば良いとする。新基本法下でも価格安定制度は残っているが、国の政策の本流とは言えなくなった。

価格が下がらないよう国が支援するのは農業者にとってはまことにありがたいことだが、一方、消費者や食品産業の側から見ればその分、高い農産物を買うことになる。つまり「消費者負担型」の政策なのである。1章2でも触れたが、今日のように貿易の自由化が進み、国産品より安い農産物を買う機会が増えている中では、消費者や産業界が価格による農業者支援に不満を抱いても不思議ではない。

価格政策のせいで、過去には多くの国が財政負担の膨張に悩まされた経験を持っている。しかも価格の下支えを行えば農業者の生産意欲を刺激するから、過剰生産を招きやすく、今度は生産を抑制する政策が必要になる。日本で言えば米がその典型で、過剰米の発生による米価低落を防ぐため半世紀にわたって延々と生産調整を続けている。「調整」とは、米から他の作物に転作したり、家畜の飼料など主食用以外の用途に使うという条件付きで米を生産することによって、主食用米の供給を過剰にならない範囲に抑えることを意味している。

諸外国の農業政策を見ても、一九八六年から九四年まで続いたウルグアイ・ラウンドの交渉過程と、その結果まとまったWTO農業協定(注1)に対応して、価格で農業者を支援する政策をできるだけ避けようという流れが強まった。代わりに農業政策の主流になったのが直接支払制度である。直接支払いの原資は国や地方自治体の財政資金であり、元をたどれば主に国民の納める税金(注2)だから、直接支払制度は「財政負担型」または「納税者負担型」の農業者支援政策である。

WTO農業協定では価格支持をはじめとする国内農業保護を削減し、原則としてすべて低率の関税に切り換えることを決めたが、例外として保護削減の対象にしなくてよい「緑の政策」を設けた。生産者に対する直接支払いはその一つである。そのことが消費者負担型の政策から財政負担型政策への転換を決定的なものとした。

この政策転換を最も積極的に進めたEU（ヨーロッパ連合）を例に、日本で新基本法ができたころの状況を見ると、大別して三種類の直接支払制度を設けていた。

（1）支持価格引き下げに伴う補償支払い＝WTO農業協定に対応するとともに財政負担を軽減するため農産物の支持価格を引き下げる代償として、農業経営の収入減を補償する直接支払いである。

（2）条件不利地域支払い＝傾斜地が多いなど、ある地域の農業が本来的に背負っている生産条件の自然的・社会的不利性を補う直接支払いである。日本の中山間地域等直接支払制度はこれに当たり、EUでは一九七五年から始まっている。

（3）環境支払い＝環境改善に役立つ農業者の行動に対する直接支払いである。環境を良くする生産方法を採用したり、環境に負荷を与える生産方法を控える場合、それによって生じる負担や損失を補う場合と、環境にプラスになる行動を奨励するために補助金を出す場合とがある。EUでは二一世紀に入り、直接支払いの中でも環境支払いの比重を高めている。

なぜ直接支払いか

中山間地域等直接支払制度による一〇アール当たり交付金の額は、傾斜の緩やかな採草放牧地の三〇〇〇円から急傾斜地にある水田の二万一〇〇〇円までの幅がある。制度は五年ごとに第三者機関による見直しをしつつ二〇二〇年度からは第五期に入るが、基本的な枠組みは変わらない。

制度の実施状況を一八年度で見ると、九九七市町村で約二万六〇〇〇の集落協定が締結され、総額五三〇億円の直接支払交付金が支払われた。交付対象となった農用地は合計六六万四〇〇〇ヘクタールで、これは日本の総耕地面積の一五％に当たる。

日本は国土の約七割が山林であり、従って傾斜地が多い。制度発足当時の中山間地域の主な指標を見ると、**表1‐3**のように総面積で全国の七割近いだけでなく、耕地面積でも農家数でも農業粗生産額でも四割前後を占めている。四割を超える耕地がこの地域にあるのに、暮らしや農業生産の条件が悪いことから他地域より速く人口の減少と高齢化が進み、耕作放棄地が増えた。このため京都、鳥取、佐賀の三府県では、国に先駆けて中山間地域を対象に直接支払制度に似た事業を始めていた(注3)。その意味で、中山間地域等直接支払制度は「すでにおこなわれていた各県の取り組み、そしてEUの枠組みを併せて仕組んでいった政策(注4)」だった。

先に述べたように、価格支持制度は消費者負担型であり直接支払制度は納税者負担型である。しかし、消費者負担にしろ納税者負担にしろ、元は国民のサイフから出たお金であることに変わりはない。直接支払いをするからには、国民に対する責任という意味からも、確固たる根拠がなくてはならないのである。農水省が中山間地域等直接支払制度を検討している時、財政当局からは「衰退しつつある中山間地域を守る意味があるのか」と懐疑的な意見が強く出されるなど、国民のコンセンサスを得られるかどうかに不安があった。(注5)

ここで新基本法第三五条の末尾に「多面的機能の確保を特に図るための施策を講ずる」とあったことを思い出したい。やみくもに財政からカネをばらまくのではなく、中山間地域で農業生産が継続され、農地が耕作放棄をまぬがれることにより、OECDの言う「結合生産物」としての多面的機能が確保されるから、そのために直接支払いを行うという論理づけである。

もう一度、多面的機能とは何であったかを振り返ってみよう。新基本法第三条は多面的機能として「国土の保全、水源のかん養、自然環境の保全、良好な景観の形成、文化の伝承等」を例示的にあげていた。こ

表１－３　中山間地域の占める割合

（中山間地域等直接支払制度発足当時の構成比、％）

市町村数	54.3
総面積	68.0
耕地面積	41.4
総世帯数	12.4
総農家数	42.2
総人口	13.9
農業粗生産額	36.5

（注）山下一仁『わかりやすい中山間地域等直接支払制度の解説』11ページより抜粋。

れらは現代の国民だけでなく、将来世代のために守るべき財産でもある、という考え方である。

長所と問題点

direct payment の訳語として当初は「直接所得補償」という言葉がよく使われたこともあって、検討の過程では農業者の所得の不足分を税金でそっくり穴埋めするかのように誤解する人も少なくなかった。しかし中山間地域等直接支払制度では支払い額を中山間農業地域と平地農業地域との生産条件の格差の範囲内と定めている。農業者の努力ではどうしようもない生産コストの差を直接支払いで補てんし、それによって多面的機能の確保を図ろうというのである。

直接支払制度の長所としては主に以下のような点があげられる。

(1) 財政(政府)から農業者に直接支払われるので、確実に農業者の所得の底上げになる。個人に対する給付金としては中山間地域等直接支払制度以前にも水田転作の補助金や、生乳の価格が一定水準を下回った時の不足払いなどがあった。

(2) 従来の政策の中心だった価格安定制度の場合、対象となる農畜産物の生産者すべてがその恩恵にあずかるのが普通であり、同等の品質であれば地域や生産者によって政策価格に差を付けることはできない。しかし直接支払いであれば、例えば「傾斜度二〇分の一以上の農地」「集落で結ぶ協定に参加した者」といった条件を設定することで政策目的に合った対象者を限定でき、先に見たように支払い単価にもランクを付けられる。

（3）価格政策だと消費者の負担額が分からないが、直接支払いなら財政すなわち税金からいくら支出したか、誰にどれだけ渡ったかが分かる。制度の透明性が確保されるので、国民に理解されやすく、また農業者も納税者に対する責任を自覚できる。

（4）WTO農業協定で認めている「緑の政策」なので、国際関係で引け目を感じる必要がない。

もちろん、どんな政策もいいことづくめではない。直接支払いの問題点として次のようなことがあげられることも付け加えておくべきだろう。

（1）過去にどの国でもそうだったが、政治的配慮からどうしても対象者が多くなりやすく、国民から「ばらまき」批判を受けがちである。

（2）支払い額は単価×面積で決められるのが普通だから、規模の大きい経営ほど支払い額が多く、中小の農家からは公平性を欠くという不満が出やすい。

中山間地域等直接支払制度のスタートからしばらくたって、二〇〇七年度からは品目横断的経営安定対策（のちに水田・畑作経営所得安定対策）と農地・水・環境保全向上対策（注6）、さらに民主党政権下の一〇年度に農業者戸別所得補償制度、一二年度には青年就農給付金（のちに農業次世代人材投資資金）と、相次いで直接支払いが採用された。一五年施行の多面的機能発揮促進法では中山間地域等直接支払制度など三種類の直接支払制度をまとめて「日本型直接支払い」と名付けた。直接支払いへの流れは日本でも着実に進んでいる。

中山間地域での苗の補植作業（鹿児島県霧島市）

中山間地域等直接支払制度は多面的機能発揮促進法に基づく制度となったことで、施策としての安定度、持続性が増した。農水省のホームページには各地で目覚ましい成果をあげている取組事例が多数紹介されている。高齢化と人口減少で「地方消滅（注7）」とまで言われる時代に、この制度は中山間地域での防波堤的な役割を担っている。

とは言え、直接支払制度によって中山間地域の危機が解消したわけでは決してない。一九年に農水省が有識者による第三者委員会での議論を踏まえてまとめた第四期対策の最終評価では、高齢化と人口減少の進展で多くの協定組織が弱体化し、人員・人材、集落機能、営農のいずれについてもさまざまな課題を抱えることが指摘されている。

〈注釈〉

（注1）正確にはWTO設立協定（世界貿易機関を設立するマラケシュ協定）の附属書1に含まれる「農業に関する協定」である。

（注2）ほかに国債、地方債の発行による収入などがある。

（注3）山下一仁『わかりやすい中山間地域等直接支払制度の解説』三四三ページ。

（注4）渡辺好明「この五〇年を振り返って」。農政ジャーナリストの会編『日本農業の動き』一九三号「戦後七〇年の食と農」八五ページ。

（注5）前掲『わかりやすい中山間地域等直接支払制度の解説』四ページ。

（注6）厳密には品目横断的経営安定対策のうち「生産条件不利補正対策」、農地・水・環境保全向上対策のうち「営農活動支援」が直接支払いと言える施策だった。

（注7）4章3を参照。

4　環境と調和した農業を

「持続」と「有機」の法律

食料・農業・農村基本法が農政にもたらしたもう一つのポイントは、「多面的機能」（第三条）「自然循環機能」（第四条）といった言葉で環境重視の姿勢を確かなものにしたことである。新基本法によって有機農業をはじめとする環境調和型の農業はしっかりしたよりどころを得た。

今でこそ農業と環境の関わりの深さは誰も疑わないが、そのことに政策として初めて目を向けたのは、前にも出て来た「新しい食料・農業・農村政策の方向」（新政策）だった。「新政策」は「効率的・安定的な経営体」の育成を強調する一方で、「環境保全型農業」という言葉を使って「環境保全に資する農業政策」の必要性を提起した。「新政策」の言う環境保全型農業とは「農業の有する物質循環機能などを生かし、生産性の向上を図りつつ環境への負荷の軽減に配慮した持続的な農業」である。

ここで「持続的な農業」という言葉が用いられていることに注目したい。「新政策」が発表された一九九二年六月、ブラジルでは「環境と開発に関する国連会議」（地球サミット）が開かれていた。世界の首脳が集まったこの会議の最大のテーマは「持続可能な開発」sustainable developmentだった。これ以後二一世紀にかけて、「持続」はさまざまな局面で最も重要なキーワードの一つとなる。

新基本法と同じ九九年に持続農業法（持続性の高い農業生産方式の導入の促進に関する法律）と家畜排せつ物法（家畜排せつ物の管理の適正化及び利用の促進に関する法律）、翌二〇〇〇年には改正肥料取締法が施行された。いずれも農業による環境への負荷を減らしたり、良い環境を形成するのに役立つ農業を進めることを目的とするもので、まとめて「環境三法」と呼ばれる。

持続農業法の定めにより、環境と調和のとれた農業生産方式の導入計画を作成し、知事の認定を受けた農業者は「エコファーマー」として政策的支援が得られることになった。〇三年に農水省が策定した「農林水産環境政策の基本方針」は基本認識として「大量生産、消費、廃棄社会から持続可能な社会への転換」をうたい、「農林水産省が支援する農林水産業は環境保全を重視するものへ移行」すると宣言した。

農水省はさらに〇五年、「環境と調和のとれた農業生産活動規範」（農業環境規範）を定めた。土づくりの励行、過剰にならない施肥や農薬散布、使用済みプラスチックなど農業廃棄物の適正な処理・利用、さらにエネルギーの節減なども盛り込んだこの規範は、まず同年度の予算で「強い農業づくり交付金」の支給要件とされ、事業に参加する農家がこれを守っていることの確認が事業実施者に義務付けられた。この規範は後にＧＡＰ《ギャップ》[注1]（農業生産工程管理）と呼ばれるようになり、東京オリンピック・パラリンピックの選手村で使われる食材はＧＡＰの認証を受けたものに限ると決められたことで、一挙に存在感を増す。

「基本方針」から三年後の〇六年、環境重視の時代を象徴する法律が制定された。有機農業推進法（有機農業の推進に関する法律）である。第一条には「有機農業の発展を図ることを目的とする」と明快に書かれている。この法律により、国は有機農業推進に関する基本方針を定めることが義務付けられ、都道府県も推進計画を定めるよう努めることになった。「有機農業者と消費者の相互理解の増進」が法律に書き込まれた（第一一条）のも、早くから両者の提携を重視してきた有機農業にふさわしい。

この法律による有機農業の定義は次の通りである。

「化学的に合成された肥料及び農薬を使用しないこと並びに遺伝子組換え技術を利用しないことを基本として、農業生産に由来する環境への負荷をできる限り低減した農業生産の方法を用いて行われる農業」（第二条）

運動開始から三五年

長らく有機農業に関わってきた人たちの間では、この規定は十分なものとは言えないという不満がなかったわけではない。例えば日本有機農業学会の会長をつとめたこともある中島紀一《きいち》（茨城大学教授）は、「土づくりや自然循環機能など自然の力を活かすという基本的方向性や、安全で品質の良い食べものを供給し、国民の健康に資するという大目的が明記されていない」ことをあげた。(注2)

その中島も、この法律によって「有機農業第Ⅱ世紀」が始まると評価している。この法律が政府ではなく超党派の有機農業推進議員連盟によって国会に提案されたことからも分かるように、それまで有機農業は民間主導で進められてきたが、ここで初めて国と地方自治体が有機農業推進の責務を担うことになったからである。「第Ⅱ世紀」とは大げさな言い方のように聞こえるが、推進法制定に至るまでの歳月はずいぶん長かった。有機農業研究会（現在のNPO法人日本有機農業研究会）が設立され、日本で有機農業運動が始まった一九七一年から数えると、実に三五年を要したわけである。中島の言葉からは、ようやく「公認」されたという喜びが伝わってくる。

有機農業者たちのたゆまぬ努力の積み重ねが、人間と環境の健康を守るために農薬や化学肥料の使用を減らそうという環境保全型農業の「底上げ」に果たしてきた意義は計り知れないものがある。一九七三年から有機農業ひと筋に生き、日本の有機農業の象徴的存在である星寛治の住む山形県高畠町や、七一年から有機農業を実践しただけでなく、有機農業と地場産業との連携を進めた金子美登《よしのり》の活躍する埼玉県小川町などは「有機農業の町」として全国に知られるようになった。

しかし、高温多湿で農作物の病気や害虫がはびこりやすい日本では、法律ができたからといって誰もがすぐさま有機農業に転換できるものでもない。有機農業に取り組む農家は二〇一〇年に一万二〇〇〇人、取組面積では一七年に二万三〇〇〇ヘクタールと推計され、どちらも全体の〇・五%を占めるにすぎない。面積で一五%のイタリア、九%のスペインなど欧州の有機農業先進諸国には遠く及ばず、アメリカや中国の〇・六%を追っている状態である。(注3)

農薬・化学肥料を通常の栽培方法に比べ何割か減らす「減農薬・減化学肥料栽培」は全国に広がったが、そこから法第二条に定められた〝本物の〟有機農業へと進むには、技術だけでなく精神面でも「飛躍」が必要になる。星寛治が自らの体験から導き出した次の言葉はたいへん重いものがある。

「いわゆる減農薬、エコ農業から自然にこうなったというよりも、(中略)『もっと理想を持って、よりいいものをつくっていこう』という志がないとだめですね。自然に達成できるというものではないような気がします。[注4]」

環境支払いの出番

農水省の〇七年度予算に「農地・水・環境保全向上対策」というちょっと変わった名称の新規事業が盛り込まれた。農地、農道、農業用水などの農村地域資源は農業者で構成する土地改良区や集落が維持管理に当たってきたが、農業者の減少と高齢化でそれが困難になってきた。そこで農業者以外に地域住民、都市住民、NPOなどの力も借り、多様なメンバーによる共同組織で守ろうという事業である。

この対策は二階建てになっていた。一階部分では地域資源を適切に保全し、さらに質を高めるため、地域ぐるみで活動する共同組織に交付金を支給する。その上で二階部分として、農薬・化学肥料の使用を抑制するなど環境負荷を低減する営農活動にも交付金を出す。二階部分の交付金は集落に出されるが、その中で、農薬・化学肥料を通常より五割以上減らすなど、特に先進的な営農活動をした農業者には個人に配分してもよいとされた。当時、農水省は「直接支払い」という呼び方をしなかったものの、二階部分は財政から個々の農家に直接支払われるのだから、実質はまぎれもなく直接支払いである。

同じ直接支払いでも、この場合は中山間地域への支払いとは目的が異なり、農業の環境に対する負荷を減らし、より良い環境の創造を目指すものである。これにより、日本でも環境支払いが国レベルで初めて導入された。

農水省からOECD（経済協力開発機構）へ出向して農業環境政策のエキスパートとなり、帰国後は滋賀県農政水産部技監として後述の「環境こだわり農業直接支払制度」の実現に携わった荘林《しょうばやし》幹《みき》太郎《たろう》（学習院女子大学教授）は、農地・水・環境保全向上対策の二階部分について「わが国にもようやく農業環境政策の『主役』が誕生した」と歓迎した。（注5）この事業は一四年度に衣替えし、多面的機能発揮促進法に基づく「日本型直接支払制度」の中の多面的機能支払い（農地維持支払いと資源向上支払い）及び環境保全型農業直接支払いとなる。

環境支払いについては「農家が農薬や化学肥料の使用を抑え、環境への負荷を減らすのは当然の義務ではないか」という疑問が出るかも知れない。確かに、農薬や化学肥料には適正な使用基準が設けられており、農家はこれを守って当たり前である。これに国や地方自治体が補助金を出すとしたら消費者の批判を受けるだろう。農水省が〇五年度予算から一部の事業について「農業環境規範」の遵守を補助事業の要件にしたことも、それを農業者の義務とみなしたからである。

しかし、例えば農薬・化学肥料を通常より五割も削減するとなると、収穫量がダウンして所得が減ったり、草取りの労働が増えて生産費が余計にかかったりする。専門用語ではそれぞれ「逸失所得」「掛かり増し経費」と呼ばれる。それをカバーするためと、もう一つ、そうした意欲的な活動に参加するための「インセンティブ」（報奨金）として環境支払いが行われる。この三点が「なぜ環境支払いという公的支援を行うか」の根拠とされる。

地方の先駆的試み

ところで、農政の分野では国に先駆けてまず地方自治体が新しい試みに挑戦することがよくある。1章3で中山間地域への直接支払いでは三府県が国に先行したことを述べたが、環境支払いの場合もいくつかの事例がある。

兵庫県市島町《いちじまちょう》（現在は丹波市）は二〇〇一年度から町単独で環境保全型農業への直接支払いを始めた。町内では一九七五年に有機農業研究会が発足するなど、早くから環境にやさしい農業に取り組む農家が多かった。「有機の里づくり」を目指す町は「安心・安全農産物生産等推進支援事業」として、有機農産物であるという認証を受けた生産者には一〇アール当たり米で八〇〇〇円、野菜には同五万円の直接支払いを行うことにした。

これ以前にも、例えば埼玉県草加市や千葉県市川市が洪水防止のため、宅地、工場用地の開発が進む中で稲作を継続し、ダムのような役割を果たす水田を維持する農家に補助金を出した事例はあるが、はっきり「直接支払い」と銘打っての農業環境政策は市島町が日本で最初と見られる。

県レベルでは滋賀県が〇四年度に環境支払いを始めた。同県には京阪神一帯の生活用水の水源になっている琵琶湖がある。この水を汚さないために七〇年代から合成洗剤に代えて石けんを使う運動が始まるなど、琵琶湖浄化への関心はきわめて強い。

琵琶湖を汚す原因は合成洗剤だけでなく、「犯人」の一つに農業があった。農薬・肥料の使いすぎや家畜のふん尿の垂れ流しが問題になったのは当然だが、それ以外に農業用水の節減、濁水の発生防止が叫ばれた。濁水の発生とは、春の代かきや田植えのためトラクターや田植機で水田の土をかき回し、濁った水が河川を経由して琵琶湖に流れ込むことを指している。

滋賀県では琵琶湖の水を守るために県が定めた栽培方法を守る農業を「環境こだわり農業」と独特の言葉で呼ぶことにした。農業者は知事との間で、①化学合成農薬、化学肥料の使用量を通常の五割以下に抑える、②農業排水を適正に管理する――などを内容とする五年間の「環境こだわり農業実施協定」を結ぶ。協定に従って生産された農産物は販売の際に「環境こだわり農産物」の認証マークを付けることができ、県から「農業環境直接支払交付金」を受けられる。

滋賀県で環境こだわり農業への直接支払いが始まった翌年、福岡県では「県民と育む『農の恵み』モデル事業」が開始された。二年という期間限定ではあったが、日本で初の、生物多様性を指標とする環境支払いのための実験的な事業である。

この事業では、水田とその周辺に多様な生きものが生息すること、つまり生物多様性を「農の恵み」としてとらえ、それを県民全体で「育む」こととした。県下一円のモデル地区で農薬・化学肥料を通常より五割以上減らす稲作を行い、それが生物多様性の充実に貢献していることを、カエル、トンボ、魚、貝、鳥など水田に住む生きものの数を調べることで裏付けようというのである。モデル地区では農家と地域住民、ＮＰＯなどが「環境保全活動組織」を作り、水田と周りの水路や溜め池で生きもの調査を行う。県は環境負荷軽減農法を行う農家に対し経費が増える分を直接支払いする。

なぜ生きもの調査をするのか。農業が生産するのはもちろん食料である。その過程で、農業は環境破壊などの原因となることもあるが、同時に多面的機能と呼ばれる恩恵を人間にもたらす。中でも親しみやすいのはさまざまな生きものだろう。農家はトンボやカエルを育てる目的で農業をしているわけではないが、人間の食料を生産する過程で、意図することなく多面的機能の一つである生物多様性も「生産」してしまうのである。

多面的機能を「農の恵み」と呼んだのは元農業改良普及員の宇根豊である。彼は福岡県の普及員だったころ「減農薬稲作」の指導に当たり、二〇〇〇年に退職した後は「NPO農と自然の研究所」を主宰する一方、多数の著作を通じて「農の思想家」ともいうべき存在になった。二〇〇〇年の著書で宇根はこう述べている。

「よく言われる農業の『公益的機能』『多面的機能』は、実は人間の関わりの見えない『機能』という言葉ではなく、人間が関わった『めぐみ』と表現したいものです。（注6）」

コウノトリとトキ

生きものに着目した直接支払いの試みとしては、兵庫県豊岡市の「コウノトリと共生する自然再生事業」と新潟県佐渡市の「佐渡版所得補償制度」を落とすわけにはいかない。どちらも主役は鳥である。

城崎《きのさき》温泉で知られる豊岡市は、二〇〇五年にコウノトリの試験放鳥が行われてから「コウノトリの舞う町」としても有名になった。特別天然記念物に指定されているコウノトリは一九七一年に野生最後の一羽が死んだが、その後ロシアから導入した幼鳥を兵庫県が同市内のコウノトリの郷公園で増殖し、野生復帰を目指していた。

しかしコウノトリは大食漢であり、野生で生きていくためには広いエサ場が欠かせない。県は〇二年から、エサとなる生きものを増やすため、農薬・化学肥料の使用を減らし、水田の生きものに配慮した水管理をすることなどを内容とする「コウノトリ育む農法」の普及に乗り出した。一方、豊岡市は米の生産調整で休耕している水田を活用し、そこに冬の間も水を張るなどしてエサ場にする農家に直接支払いをすることにした。「コウノトリ効果」は地域にも見返りをもたらした。「育む農法」で栽培された「コウノトリ育むお米」は全国五〇〇以上の店で販売されるまでになっている。

一方、佐渡市が一〇年度に始めた直接支払いは、コウノトリと同じく特別天然記念物のトキを守るためのものである。トキも八一年に野生では絶滅したが、国と新潟県が佐渡のトキ保護センターを拠点として人工繁殖による野生復帰に努めている。

トキも肉食の鳥で、湿地や水田の生きものを大量に食べるから、野生復帰にはエサ場としての水田の確保が必要である。佐渡市は〇七年度にまず休耕田をビオトープ(注7)にする農家に補助金を出す事業を始めた。〇八年度にはトキが住みやすい水田でとれた佐渡米を対象に「朱鷺と暮らす郷づくり認証制度」を設け、水田でのエサ場づくりをいっそう本格化した。市はこの制度を定着、拡大させるため、一〇年度からは認証を受けた農家に直接支払いを開始した。「トキと共生する佐渡の里山」は一一年、世界農業遺産に認定されている。

〇七年度から国の農地・水・環境保全向上対策が始まると、福岡県の制度はそちらへ全面移行し、滋賀県や豊岡市は制度の一部に国の対策を取り込んで活用した。農地・水・環境保全向上対策が四年目を迎えてから始まった佐渡市の場合、国の対策に認証者への支払いを追加する形での直接支払いとなった。

〈注釈〉

（注1）Good Agricultural Practice の略。

（注2）中島紀一『有機農業政策と農の再生』一九ページ。

（注3）農林水産省「有機農業をめぐる事情」（二〇二〇年二月）による。

（注4）岸康彦編『農に人あり志あり』三一七ページ。

（注5）荘林幹太郎ほか『世界の農業環境政策』一二七ページ。

（注6）宇根豊『「田んぼの学校」入学編』一〇ページ。

（注7）ドイツ語で biotop、英語では biotope。野生の生きものが暮らせる場所。

2章

さまよう米

頭を垂れるほど実った稲穂（新潟県阿賀野市）

1　食管法から食糧法へ

緊急輸入と「平成コメ騒動」

一九九四年が明けて間もないころから、国産の米を求める消費者が米屋の店頭に行列する光景があちこちで見られるようになった。品薄の店では客同士の間で奪い合いが起きたりもした。ジャーナリズムはこの様子を一九一八（大正七）年の米騒動になぞらえて「平成コメ騒動」と呼んだ。

なぜそんな騒ぎが起きたのか。時代を少しさかのぼってみる。

九三年一二月一四日未明、細川護煕内閣は八六年から続けられてきたウルグアイ・ラウンドの合意協定案受け入れを閣議決定した。合意内容は多岐にわたるが、日本にとって最大の関心事は米市場の部分開放だった。農業総産出額に占める米の比率は五〇年代の五割超から三割前後にまで低下していたが、日本中の農家が作っている米はなお特別な存在だった。

農業関係者の間では輸入反対論が圧倒的で、国会でも三度にわたり「一粒たりとも輸入しない」という決議をしたが、細川は「苦悩に満ちたギリギリの決断」として押し切った。細川は熊本県知事だったころからの市場開放論者で、細川内閣発足の当日に書いたメモにも、政権の主要課題の一つとして「コメ輸入の部分自由化」をあげていた。(注1)

ウルグアイ・ラウンド合意の受け入れで、後に詳しく見るように「ミニマム・アクセス」(MA)として一定量の米が毎年、国内の需給事情に関係なく輸入されることになった。米は太平洋戦争中の四二年以来、食管法(食糧管理法)によって国家が管理してきた。戦後の食糧不足時代には年間一〇〇万トン以上の米を輸入したが、五五年の大豊作以後は輸入禁止に近い状態が続いていた。それが一転して恒常的な輸入という新事態に直面し、生産・流通システムの根本的な見直しが避けられなくなった。

食管法はもともと、米の需給が窮屈な中で国民に安定供給すること、つまり「乏しきを分かち合う」ためのものだったから、六〇年代以降、生産過剰による米余りが常態化する中で制度のひずみがどんどん拡大していた。例えば七〇年から始まった生産調整は法律に何の規定もないまま行政指導で続けられていた。国家管理の網の目をくぐって流通する米は法的には「ヤミ米」だったが、別の呼び名を「自由米」と言い、業者間で取り引きする場もできるなど、制度と実態のかい離は年ごとにひどくなった。

米市場の部分開放が決まった九三年、米(水稲)は作況指数が七四という凶作だった。作況指数とはその年が平年作だった場合の一〇アール当たり収穫量に対する実際の収穫量の割合を示すもので、一〇六以上の「良」から九〇以下の「著しい不良」まで六段階に分けられる。水稲の場合は戦前の一九二六年から調査が始まったが、七四は敗戦の年の六七に次ぐ史上二番目の低さである。中でも青森県は二八にとどまり、同県内では指数ゼロ、つまり収穫皆無と判断された地域さえあった。

政府はあわててタイ米などを緊急輸入した。その量は米菓用など主食用以外の用途を含む当時の年間総消費量のざっと四分の一に当たる二五九万トン（うち主食用米一五八万トン）にのぼる。しかし、日本人の舌になじんだ米でないうえに、一部でカビが見つかるなど品質も悪く、輸入米はまるで人気がなかった。

政府は国産米とブレンドして炊くことを奨励するなど、何とか輸入米の消費を伸ばそうとしたが、かえって国産米人気に火を付ける結果となった。こうして「平成コメ騒動」が起きる。過剰で生産調整を続けて来たはずの国産米が突然姿を消したのだから、生産者、消費者双方の不信感は極限に達した。

食管制度の抜本改革を求める声は以前から繰り返し出ていたが、ウルグアイ・ラウンド合意に続いての緊急輸入と「平成コメ騒動」がとどめを刺した。総理大臣の諮問機関である農政審議会が九四年八月に「新たな米の管理システムの構築」を提起したのを待って、一気呵成に食管改革の法案づくりが進められた。

食管法に代わる食糧法案（主要食糧の需給及び価格の安定に関する法律案）は自民、社会、新党さきがけによる連立与党の合意によりＷＴＯ関連七法案の一つとして九四年秋の国会に提出され、一二月に成立した。翌九五年四月にまず米の輸入開始に関係する部分が施行された後、一一月には全面施行となった。半世紀以上にわたって生きながらえてきた食管法はついに廃止となった。

「売る自由」は実現したが

食管法は農地法と並んで戦後農政の主柱を成していた。それに代わる食糧法は制定当時、「戦後農政最大の規制緩和」と言われた。すでに述べた貿易分野以外に、食管法と食糧法ではどこが変わったかを見よう。

まず国の役割が縮小したことである。食管法時代には米管理の全責任は政府にあった。例えば第三条による政府への売り渡し義務である。米の生産者は生産した米を勝手に販売してはならない。食管法は半世紀余りの間に改正を繰り返し、六九年創設の自主流通米制度で政府を経由しない米を公認するなど、少しずつ統制色は薄められたが、それでも「政府ニ売渡スベシ」(注2)という条文は同法が廃止になるまで残った。

食糧法によって政府の役割は「米穀の需給及び価格の安定に関する基本計画」の策定、生産調整の推進、政府米の買い入れ・売り渡し、ミニマム・アクセス米の輸入などに限定された。政府米は不作などによる米不足時のための備蓄用だけで、国産米の流通の主役は民間業者に移った。

第二に、米の生産調整が初めて法律に明定された。ただし、実際にどう実施するかなど運用の詳細はすべて政令などに委ねられた。つまり政府の意思次第でいかようにも弾力的な運用が可能なわけである。後に見るように、その後の生産調整政策は需給事情などに応じて猫の目のようにくるくる変わる。

食糧法制定の準備過程で、政府は生産調整について「生産者の自主的な判断による手上げ方式」と説明し、従来のような強制感を伴う手法はとらないと明言していた。ジャーナリズムもこれに呼応して「作る自由、売る自由」と書いた。しかし、九四年産米が大豊作で、またも米過剰の恐れが強まるとともに、政府の姿勢は変わった。「手上げ方式」から「半強制的手法」に戻らざるを得ないというのである。こうして生産調整政策の漂流はさらに続く。このあと見るように「売る自由」は実現したが、「作る自由」は棚上げになった。

第三に、計画流通制度の創設がある。それまで正規に流通する米は政府が直接に買い入れ、売り渡しを行う「政府米」と、政府の管理下にはあるが政府の手をへないで流通する「自主流通米」に分けられていた。両者を合わせて「政府管理米」と言う。それ以外の米のうち、農家が親戚などに無償で贈与するものは別として、有償で流通するものは「ヤミ米」だった。

計画流通制度ではこれを「計画流通米」と「計画外流通米」に分けた。しかし、計画流通米とは自主流通米と政府米の合計であり、従来の政府管理米を言い換えたにすぎない。「現行制度と同様、消費者が必要とする米を安定的に供給していく（中略）ためには、相当量の計画流通米の確保が必要（注3）」というのがその理由であり、食管法時代の「管理」意識が濃厚に残っていた。これには研究者やジャーナリズムから「現状追認ではないか」「中途半端な自由化」といった批判が出された。米政策研究の第一人者・佐伯尚美《なおみ》（東京大学名誉教授）は「統制原理と市場原理の奇妙な混合（注4）」と皮肉った。

一方、計画外流通米は生産者が販売数量を届け出ること以外に一切の流通規制を受けない。食管法時代、ヤミ米は業者間では「自由米」と呼ばれていたが、計画外流通米こそ文字通りの自由米である。当時、上野博史《ひろふみ》食糧庁長官は、計画外流通米は「小さな流れのものにとどまるのではないか（注5）」と見ていた。しかし予想ははずれ、わずか数年で計画流通米に迫るほどの量になる。後のことになるが、二〇〇四年の食糧法改正で計画流通制度は廃止される。

第四に、流通規制は大幅に緩和された。計画外流通米が完全に自由であるほか、計画流通米も流通ルートが多様化された。卸・小売業者は都道府県知事の許可制だったが、食糧法では登録さえすればよくなった。新規参入の道は大きく開け、一九九六年の初登録では小売業者がそれまでの八八％増、卸売業者も二四％増となった。大競争時代の到来であり、参入増加の陰で淘汰される業者も増える。

従来の集荷業者は「出荷取扱業者」と呼び名が変わった。お上に代わって農家から米を「集荷」する業者ではなく、農家の「出荷」業務を引き受ける業者になったのである。けれども出荷取扱業者には生産調整への協力を義務付けるなどなお規制が残り、卸・小売と違って新規参入しにくい状況が続いた。こういうところにも食管法時代の統制的手法は残ったのである。

国産米の流通の主役は政府から民間に移ったと先に述べたが、民間といっても流通する米の大半を扱うのは農協であり、生産調整も農協の協力がなければまず達成不可能である。そのうえ、ＪＡ全農（全国農協連合会）は新たに「自主流通法人」に指定された。自主流通法人とは自主流通計画を策定したり、米の不足や過剰に対応するための民間備蓄や調整保管を行うなど、食管法時代なら政府が責任を持ったはずの役割を担うものである。農協の特権と責任が大きくなった新システムを佐伯は「政府食管から農協食管への移行」と要約した。(注6)

義務化したミニマム・アクセス

一九九八年七月に農水省の事務次官に就任した髙木勇樹は、早々から地方回りに追われた。訪ねる相手は農協組織のトップである原田睦民《むつたみ》ＪＡ全中会長（ＪＡ広島中央会会長）をはじめ各地の農協幹部である。徹底した隠密行動だった。「途中で新聞に書かれると大変なので、地方回りは土日です。飛行機で地方に飛び、空港内で話をしてとんぼ返り、ということもありました」と髙木は述懐している。(注7)彼は何をそんなに急いでいたのか。

ウルグアイ・ラウンドの結果を盛り込んだＷＴＯ農業協定で、日本の米にいちばん大きな影響を与える市場アクセスの部分は概要次のように定められた。

まず輸入数量制限など関税以外の国境措置はすべて関税に置き換える。これを「包括的関税化」と呼んだ。置き換え後の関税は原則として輸入価格と国内価格の差額とする。こうして計算された関税を、一九八六〜八八年を基準年として、九五〜二〇〇〇年に農産物全体で三六％、個々の品目では最低一五％を、毎年同じ割合で削減する。

日本の米のように輸入がほとんどない品目については、基準年の消費量に対し初年度三％のミニマム・アクセス機会を設定し、毎年〇・四％ずつ増やして最終年度に五％まで拡大する。ミニマム・アクセスは「輸入義務量」と訳されることがあったが、協定では「輸入機会の設定」ということであり、全量を輸入する義務があると定められているわけではない。ただ日本の場合、米は国家貿易品目であることから、当時の羽田孜《はたつとむ》内閣が「通常の場合には当該数量の輸入を行うべきもの」という統一見解を示し、実質的に義務化した。

ミニマム・アクセス米は国家貿易だから無関税である。それを超える輸入については民間貿易が可能だが、一キログラム当たり初年度四〇二円、最終年度でも三四一円の関税を残すことができる。四〇二円とは基準期間である八六〜八八年の国際価格から国内価格を引いた額の平均値である。(注8)輸入数量に課税する従量税のため、輸入価格に課税する従価税と違って国際価格や為替レートが変わってもこの額は動かない。

以上はWTO農業協定の原則である。これに対し、日本の米についてはミニマム・アクセスをかさ上げすることを条件に、関税化を二〇〇〇年度まで六年間猶予するという特例措置が認められた。そのための条件として、ミニマム・アクセスは初年度四%と、直ちに関税化した場合より一ポイント高く設定し、その後は毎年〇・八%ずつ増やして二〇〇〇年度に八%とする。一方、国産米への過大な影響を防ぐため、日本政府はミニマム・アクセス米一キログラム当たり最高二九二円、従価税率に換算すると七三一%になる高率のマークアップ(輸入差益)をとってよいことになった。

なおミニマム・アクセス米のうち最大一〇万トンについては、国家貿易の枠内で輸入業者と国内の実需者が実質的に直接取り引きする「ＳＢＳ（売買同時契約）輸入」という方法も導入された。ＳＢＳ米は主食用だが、それ以外の一般輸入米は国産米ではコスト面で対応できない加工用や飼料用に向けることとされた。

米も関税化に移行

厳しい国際交渉の中、米の関税化を阻止して部分開放にとどめたことは、農業団体などによる運動と日本外交の勝利であるかに見えた。政府はこれに加え、ウルグアイ・ラウンド農業合意関連対策として九四年度補正予算から二〇〇一年度までに総額六兆一〇〇億円（うち国費二兆六七〇〇億円）の各種事業を実施するとともに、ミニマム・アクセスによる生産調整の強化は行わない方針を決め、国内農業を守る姿勢を打ち出した。

しかし、即時関税化と特例措置の内容を冷静に比較すれば、関税化移行が遅れるほど日本にとって不利になることは明らかだった。**表２‐１**はウルグアイ・ラウンド農業合意をそのまま受け入れて即時関税化していた場合と、二〇〇〇年まで特例措置によるミニマム・アクセスの積み上げを続けた場合を比較したものである。二〇〇〇年のミニマム・アクセス米輸入量には三〇万トン以上の差が出る。

さらに、二〇〇〇年に八％と言っても、それは基準期間（一九八六～八八年）の消費量に

表2－1　特例措置と関税化によるミニマム・アクセス米数量の差

（単位：万玄米トン）

	1995年	1996年	1997年	1998年	1999年	2000年
当初から関税化	32.0（3.0%）	36.2	40.5	44.7	49.0	53.3（5.0%）
特例措置継続	42.6（4.0%）	51.1	59.6	68.1	76.7	85.2（8.0%）

（注）カッコ内は基準期間（1986～88年）の国内消費量に対する比率。

対してである。消費量は年々減っているから、そのころには八％を上回ることになる。ウルグアイ・ラウンドの進行中、米の輸入に反対し、欧米主導の交渉を厳しく糾弾してきた梶井功《いそし》（東京農工大学名誉教授）は、合意受け入れの翌九四年に執筆した論文で「特別措置継続に比べれば、関税化がより強力な国境措置になることは確かだ」と述べ、政府が交渉中、関連情報を開示しなかったことを批判した。(注9)

高木勇樹次官が隠密行動までして急いだのは、特例措置を一刻も早く返上して関税化するためだった。六年の猶予期間は二年余りを残すだけになっていたが、それでも関税化が早いほどミニマム・アクセス量の増加は抑えられる。のみならず、ウルグアイ・ラウンドのあと二〇〇〇年に開始が予定されていたWTOの農業交渉でそれ以降も特例措置を続けたいと望めば、ミニマム・アクセスのさらなる上積みを求められることは目に見えていた。関税化すれば二〇〇〇年のミニマム・アクセスは七六・七万トン、その後も交渉中は同じ量が継続される。早期関税化に優る選択肢はなかったのである。

高木は中川昭一農相に相談した後、自民党の農林関係議員、そして関税化反対の急先鋒だった農協組織へと説得工作を進めた。中川は後に「売れないコメを義務的に輸入することの不自然さに、われわれも含めてみんなが少しずつ気がついてきた(注10)」と振り返っている。ようやく一二月になって自民党、農水省、農協の三者合意が成立し、閣議決定をへてＷＴＯ事務局に九九年四月からの関税化移行を伝えた。

かすかな懸念材料は、国家貿易のミニマム・アクセス以外に一キログラム三四一円の関税を払えば民間が自由に輸入できる「枠外輸入」だった。しかしその当時、高額の関税を払ってまで大量に輸入したくなるほど、外国産米の人気は高くなかった。近年でも枠外輸入の米は年に一〇〇～二〇〇トンにとどまっている。

〈注釈〉

（注1）細川護熙『内訟録』二八ページ。

（注2）第二次世界大戦中に制定された食管法は漢字カタカナ交じりで書かれていた。

（注3）食糧制度研究会編『新食糧法Q＆A』四四ページ。

（注4）佐伯尚美『米政策改革Ⅰ』九ページ。

（注5）上野博史「新しいコメ管理システムの内容と課題」。農政ジャーナリストの会編『日本農業の動き』一一二号「『新食糧法』とコメ流通」四五ページ。

（注6）佐伯尚美「新食糧法の構造と特質」。大内力編集代表『日本農業年報42・政府食管から農協食管へ』三九ページ。
（注7）髙木勇樹「時代の証言者・日本の農政」第二〇回（『読売新聞』二〇一四年三月一三日）。
（注8）国際価格は輸入CIF（運賃・保険料込み）価格の平均、国内価格は上米の精米卸売価格の平均。
（注9）梶井功「UR合意で日本は何を得たか」。大内力編集代表『日本農業年報41・総括・ガット・UR農業交渉』三〇ページ。
（注10）中川昭一「コメ関税化問題と次期交渉に向けての現時点での考え方」。農政ジャーナリストの会編『日本農業の動き』一二九号「WTO次期農業交渉に挑む」二五ページ。

2　生産調整の変転

「手上げ」どころか「半強制的」

食糧法の全面施行から二年後の一九九七年一一月、農水省は「新たな米政策大綱」を決定した。このあと九九年にかけて、麦、酪農・乳業、大豆、砂糖・甘味資源作物について打ち出す「新たな政（対）策大綱」シリーズの第一弾である。このシリーズは九五年一月に発足したWTOの時代に向けて農政の突破口を開こうとする政府の意志を示したものであり、米に関してはとりわけ生産調整に対する考え方を大きく転換するものだった。

政府は九三年にウルグアイ・ラウンド合意による米市場の部分開放を受け入れた時、輸入開始による生産調整の増加は行わないと約束した。しかし、主食用米の消費が減り続けているのだから、その分、加工用や飼料用の米需要が伸びないことには生産調整も増やさざるを得ない。

生産調整は六九年度にパイロット事業として始まり、七〇年度の「米生産調整対策」をへて、七一年度の「稲作転換対策」からは複数年にまたがる施策として本格実施された。それ以後、名称と手法を変えつつ切れ目なく続けられてきたが、事態は改善しなかった。七〇年度に五四万ヘクタールだった生産調整目標面積は、年ごとの作柄に応じて変動はあるものの、全体としては右肩上がりの足取りをたどった。

食糧法は九四年の「平成コメ騒動」に懲りて「ゆとりある需給」を目指したが、皮肉にも同じ年から四年続いて米は豊作となった。政府、民間とも在庫は膨れあがり、一九七〇年、八〇年に続く第三次過剰が懸念されるに至った。この結果、生産調整は「手上げ方式」どころかますます「半強制的」になった。国の方針に従ってまじめに米の作付けを減らしている農家の間では、生産調整に参加しない者に対する不公平感が高まった。

そういう時期に打ち出された「新たな米政策大綱」では生産調整面積を大幅に増やす一方、生産調整と稲作農家の経営安定対策を一体のものとして進める「稲作経営安定対策」を創設した。自主流通米の価格変動が稲作経営に与える打撃を緩和するため、生産者の拠出と政府の助成により、米価が下がった場合に基準価格と当年産価格の差の八割を補てんするもので、この手法は後に二〇〇七年度から「品目横断的経営安定対策」に引き継がれる。

それまでは政府が生産調整目標面積つまり生産を減らす目標を面積で提示してきたが、「新たな米政策大綱」ではそれ以外に都道府県別の「生産数量」の目標を「参考として」示すことにした。「ここまでは生産してよい」という量である。この方式は〇二年の「米政策改革大綱」で「ポジ方式」として具体化する。

推進体制も改め、「生産者・生産者団体が主体となって」目標面積を調整することにした。農家の間では生産調整は国から押し付けられて「協力」しているのだという意識が強かったが、そうではなく、本来、農家とその組織である農協が主体的に取り組むべきことだ、という方向に転換したのである。この点もまた「米政策改革大綱」で改めてクローズアップされる。

「新たな米政策大綱」で生産調整の姿は大きく変わることが期待された。しかし現実には、その後も目標面積の増加と米価の低迷に対応して、生産調整の方法は小刻みな手直しを余儀なくされた。

〇一年、目標面積はついに一〇〇万ヘクタールを超え**（表2-2）**、水田面積の四割に迫った。その年一一月、政府、自民党と農協の三者は、生産調整の配分方法について、減反面積ではなく生産する数量を示す生産数量管理（ポジ方式）に移行することを中心とする米政策見直しで合意した。なお「減反」とは供給過剰を防ぐために生産調整をする方法として作付面積を減らすことであり、減反した水田で主食用米以外の作物を栽培すれば「転作」、何も作らなければ「休耕」となる。

表2－2　米生産調整目標面積の推移

（単位：千ha）

対策名	年度	目標面積
稲作転換対策（パイロット事業）	1969	10
米生産調整対策	1970	540
稲作転換対策	1971	547
	1972	520
	1973	498
	1974	325
	1975	244
水田総合利用対策	1976	215
	1977	215
水田利用再編対策	1978	391
	1979	391
	1980	535
	1981	631
	1982	631
	1983	600
	1984	600
	1985	574
	1986	600
水田農業確立対策	1987	770
	1988	770
	1989	770
	1990	830
	1991	830
	1992	700
水田営農活性化対策	1993	676
	1994	600
	1995	680
新生産調整推進対策	1996	787
	1997	787
緊急生産調整推進対策	1998	963
	1999	963
水田農業経営確立対策	2000	963
	2001	1,010
	2002	1,010

（資料）第１回生産調整研究会資料に1969、70年度を追加。
（注）2003年度からは生産数量目標の配分に変わる。

「本来あるべき姿」を求めて

見直しを円滑に進める方策を検討するため〇二年早々、食糧庁に「生産調整に関する研究会」（生産調整研究会、座長＝生源寺眞一《しょうげんじ》東京大学教授）が設けられた。

研究会の初会合に提出した資料の中で、農水省は今の政策を継続したら何が起こるかを次のように展望している。当時の農水省が持っていた強い危機感を示すものである。

「価格下落と需要減に即して、生産調整を年々拡大→（農業経営の）規模拡大を阻害・生産調整推進に膨大なエネルギー→価格が期待通り上昇せず、担い手農家の経営に打撃→業務用需要への対応が遅れ、他の食品群へ消費が移行→需要が更に減少し価格が低下→更に生産調整を拡大→果てしない縮小生産のサイクルへ（注1）」

議論を始めるに当たって各委員が問題提起のメモを提出した。座長の生源寺は「生産調整問題を考える基本視点」と題するメモの冒頭に「何のため、誰のための生産調整か」と記した。そこまでさかのぼらないと生産調整の方向を見定めることはできない、と問いかけたのである。

生源寺の問題提起からしても、研究会の議論が生産調整にとどまるはずはなく、「ラージパッケージ」と称して水田農業と米政策全体に広がった。六月に中間取りまとめを行った後、事務局と農業団体などに問題点を示して検討を求める「宿題」を出し、その回答を待って、一一月に「水田農業政策・米政策再構築の基本方向」と題する最終報告を提出した。

最終報告提出の日の朝、自民党が報告の主な内容を先取りする格好で「米政策改革大綱骨子」を発表した。これを受けて四日後には農水省が「米政策改革大綱」を省議決定するという素早い対応ぶりだった。と言うより、研究会が「宿題」を出し、「宿題返し」を受ける過程で、政府、自民党と農業団体の間で調整ができていたのである。

最終報告と「米政策改革大綱」が示した米政策改革は、ひと口に言えば「米づくりの本来あるべき姿」の実現を目指すものである。この言葉は研究会の座長代理であり生産調整部会長でもあった元農水省事務次官の髙木勇樹が部会に提出したメモで用いたもので、以後さまざまな場面で繰り返されることになる。九七年の「新たな米政策大綱」の取りまとめに食糧庁長官として深く関わった髙木は、その目指す方向がなかなか実現しないことに強い不満と危惧を抱いていた。「本来あるべき姿」という言葉には、今度こそという髙木の思いが込められていたのである。

では「米づくりの本来あるべき姿」とは何か。研究会報告は「効率的かつ安定的な経営体が、市場を通して需要動向を敏感に感じとり、売れる米づくりを行うことが基本」と述べたうえで、より具体的に次の三点をあげている。

①効率的かつ安定的な農業経営が生産の大宗を占めている。

②農業者や産地が、自らの判断により適量の米生産を行う等、主体的に需給調整が実施されている。

③需要動向に応じた集荷・流通が行われる体制が整備されている。
これは食料・農業・農村基本法の目指す路線と一致しており、旧農業基本法の時代から新基本法の時代への転換、言い換えれば農政における戦後システムからの脱却を象徴するものとなった。

始まった「大転換」

一年余りの準備期間をへて、二〇〇四年度から「大転換」が始まった。やや大げさに言えば、それは自民党政権にとって戦後農政の到達点を示すものとなるはずだった。

この改革では一〇年度までに「米づくりの本来あるべき姿」を実現することにし、年次別の行動計画も作られた。〇四〜〇六年度を「農業者・農業者団体が主役となる需給調整システム」への移行準備期間とし、〇六年度までの進行状況を検証したうえで〇七年度または〇八年度から第二段階へ進む、というスケジュールである。

政府が流通計画を立て、計画流通米と計画外流通米を分けていた計画流通制度は〇四年四月の改正食糧法施行により廃止された。この時点で米の価格・流通は全面的に自由化されたのである。一九四七年から国家による食糧管理の象徴として米の世界に君臨してきた食糧庁も〇三年七月一日に廃止、食糧部と消費安全局に生まれ変わった。

需給調整のかなめとなる「農業者・農業者団体が主役となる需給調整システム」とは「農業者・農業者団体が主体的に地域の販売戦略により需要に応じた生産を行う姿(注2)」である。そこでは政府が生産調整の配分を行う必要はなくなる。これまでは万事政府主導だったが、〇四年度からは政府は情報提供や助言などを通じて農業者・農業者団体の取り組みを支援する立場に退いた。生産調整の主役が交代したわけである。

ただし、生産調整そのものがなくなったわけではない。〇四年度からは減反目標面積を割り振る「ネガ方式」から、前年の販売実績を基に生産数量の目標を配分する「ポジ方式」に変わった。建て前としては「生産してよい数量」の配分だが、末端では依然として面積換算された数字が示されるなど、現場感覚としてはネガもポジも大差なかった。水田の四割近くに主食用米を作れないという現実は厳然として残った。

農業者にとって大きな変化は、生産調整への参加、不参加について自己責任による判断が認められたことだった。生産調整参加者には政府から需給情報だけでなく、「産地づくり交付金」や価格が下がった場合の経営安定対策などの「メリット措置」が提示される。逆に言えば非参加者は以上のメリット措置から排除されることになる。農業者はそれらを秤《はかり》にかけたうえで、自らの経営判断として参加するかどうかを決めるのである。

生産調整研究会で座長をつとめた生源寺はこれを「メリット措置を受け取ることを前提に、

納得のうえで生産調整に参加する仕組み」「裏返せば、メリット措置を放棄し、（中略）自己責任であえて生産調整に参加しない判断があるとしても、それはそれとして認めようという仕組み」と説明した。生産調整は少なくとも制度上は国から押し付けられて「協力」するものでなく、実質的な選択制に転化したわけである。安定した販売先を確保している生産者には減反を選択しない道が開けた。

「米づくりの本来あるべき姿」への移行準備はおおむね順調に滑り出した。豊作で過剰米が発生した場合に下支えをする「集荷円滑化対策」に不安があるとされていたが、〇四～〇六年には大した過剰もなくてすんだため、〇七年度からいよいよ第二段階の「農業者・農業者団体が主役となる需給調整システム」に移行した。市町村に設けられた地域水田農業推進協議会が作成する「地域水田農業ビジョン」や国からの需給情報を基に、農協や集荷業者の団体がそれぞれ生産調整方針を作り、参加する農業者に配分するのである。

三本柱の経営所得安定対策

第二段階のきわだった特徴は米政策改革の推進だけでなく、これと「表裏一体」の関係で、米以外の作物も含めて農業経営全体の安定を図る「品目横断的経営安定対策」が導入されたことである。さらに経営安定対策と「車の両輪」を成すものとして、1章4で取り上げた農地・水・環境保全向上対策が加わった。品目横断的経営安定対策が産業政策であるのに対し、農地・水・環境保全向上対策は地域政策という位置づけである。この三本柱が〇七年度からの農政の看板施策であり、ひっくるめて「経営所得安定対策」と称した。ここにきて米政策改革はまさしく農業政策全体に関わる「ラージパッケージ」の改革へと拡大していく（**表2-3**）。

新たに登場した品目横断的経営安定対策とはどのような施策だろうか。

従来、農業者の経営を安定させるには米なら米、麦なら麦というように品目別に価格安定のための対策を用意してきた。しかし農業経営は多くの場合、一つの品目だけで成り立っているわけではない。稲作農家といっても裏作に麦を作ったり、生産調整で米の生産を休む年には代わりに大豆を栽培したりする。北海道では麦、大豆にテンサイやバレイショも加えて一年間あるいは二、三年にまたがる輪作体系を形成している。これら複数品目からの収入の合計が農業経営を支えるわけである。

そこで、〇七年産からは主要品目を対象に、外国との生産条件の不利を国からの直接支払いでカバーする「生産条件不

（2007年度当初）

農地・水・環境保全向上対策
（地域政策）

― 車の両輪 ―

非農業者含む多様な主体

①共同活動支援（基礎支援）
②営農活動支援

表2－3　経営所得安定対策の枠組み

施策	米政策改革推進対策	品目横断的経営安定対策（産業政策）
	└──── 表裏一体 ────┘	
対象	生産調整実施者	担い手＝認定農業者・集落営農
主な内容	①新たな産地づくり対策 ②集荷円滑化対策	①生産条件不利補正対策（ゲタ） ②収入減少影響緩和対策（ナラシ）

利補正対策」と、その年の販売収入が過去の平均収入より少なかった場合に差額の九割を補てんする「収入減少影響緩和対策」が新設された。通称をそれぞれ「ゲタ」「ナラシ」と言う。後者の場合、補てんの原資はあらかじめ生産者一、国三の割合で拠出しておく。

対象となるのは米、麦、大豆、テンサイ、でん粉原料用バレイショの五品目である。ただし、ゲタ対策には米が含まれない。なぜなら、2章1で見たように、米はウルグアイ・ラウンド合意後も国家貿易による輸入管理の下で関税化の例外として保護され、九九年に関税化してからも高率のマークアップと関税により生産条件は外国と差がない、ということになっていたからである。

日本の場合、米は過剰だが麦や大豆は大量に輸入しており、当時すでに食料自給率（カロリーベース）は四〇％にまで下がっていた。過剰と不足が並存しているわけであり、作物によって一方で生産調整をしながら他方では増産を図る必要があった。早くから直接支払制度を導入している欧米の場合、もっぱら過剰対策として、価格支持のための財政支出を削減する代わりにその財源で直接支払いを導入した点で、日本とは事情がまるで異なる。そうは言っても日本の場合、多くの農業経営では米が重要な作物として組み込まれているから、米抜きのゲタ対策では「品目横断」にならず、農業者の評判は上々とは言えなかった。

この対策のもう一つの大きな特徴は、農業の構造を変えて「効率的かつ安定的な経営」を増やすため、対象となる農業経営を「担い手」に絞ったことである。対策への加入要件として、生産調整に参加していることに加え、経営規模を戸別経営で原則として四ヘクタール以上（北海道は一〇ヘクタール以上）、小規模経営を中心とする地域的集合体である集落営農組織では同二〇ヘクタール以上と限定した。（注4）

戦後の農政では従来、農家を経営規模の大小で区別して何かをすることはなかった。しかし食料・農業・農村基本法が「効率的かつ安定的な経営」の重視を掲げて以後、変化が起きた。担い手だけを対象とする価格低落対策としては二〇〇〇年度開始の稲作経営安定対策に「稲作を主とする認定農業者」を対象に補てんを行う制度が新設されたが、品目横断的経営安定対策では農業経営を面積ではっきりと仕分けし、担い手重視の政策をより鮮明にした。「全農家丸抱え型」の政策から「農家選別型」の政策への転換である。

農業基本法の時代、「選別政策」は農政のタブーに等しかった。一九六一年に旧基本法ができたころには、農業だけで食っていける「自立経営農家」の育成政策さえ、野党からは「貧農切り捨て」と手厳しく批判されたものである。しかし現在の日本では、小規模農家が必ずしも「貧農」ではない。借地などで規模を拡大した経営が豊作や輸入の増加による農産物価格低落などの影響を強く受け、経営不振に苦しむ例も少なくない。「効率的かつ安定的な経営」の育成を重視する新基本法案には共産党を除く全党が賛成票を投じた。

〈注釈〉

（注1）第一回生産調整研究会資料「水田農業の確立に向けた米政策の改革」（二〇〇二年一月一八日）より。

（注2）改革の細目を定めた「米政策改革基本要綱」（二〇〇三年七月）第Ⅰ部第6。

（注3）生源寺眞一『現代日本の農政改革』九四ページ。

（注4）集落を単位として、農業生産過程の全部または一部について共同で取り組む組織を言う。個々の農家は小規模でも、集落でまとまることにより生産の効率化が可能になる。

3　政権交代の波間で

「戸別所得補償」で民主勝利

二〇一〇年度までに「米づくりの本来あるべき姿」を実現しようという米政策改革は、大きな波乱なく〇七年度から三年間の予定で第二段階（後半期）に入った。その矢先、同年七月の参院選で自民党は歴史的な大敗を喫し、結党以来初めて参議院第一党の座を民主党に明け渡した。

都市政党の性格が強かった民主党が、この選挙では地方で予想以上の支持を得た。その有力な原因の一つは自民党の農政改革に対抗して打ち出した農業者戸別所得補償制度にあった。詳しくは後に見るが、ポイントは自民党のように経営規模の大きい「担い手」だけでなく「全ての販売農家」を対象に直接所得補償を行う、というものである。

農水省の統計では、経営耕地面積が三〇アール以上あるか、農産物販売金額が一年間の合計で五〇万円以上あれば「販売農家」である。民主党は従来、財政から個々の農業者に支払う交付金を自民党と同じく「直接支払い」と呼んでいたが、この選挙に当たってよりインパクトの強い「直接所得補償」に変えたことも農村票獲得に貢献したとされている。

改選議席一二一のうち、獲得したのは民主党の六〇に対し自民党は三七にとどまった。あまりの負けっぷりに自民党農政、とりわけ米政策は大混乱に陥った。それまでは「米づくりの本来あるべき姿」を旗じるしに、生産調整については参加・不参加の選択制を指向し、価格・流通を自由化して市場に委ねるなど、着々と規制緩和の政策を進めてきた。しかし〇七年秋から年末にかけて、一転して生産調整目標の達成へ強力な指導を行うことにしたり、米価の低落を防ぐため国の備蓄米の買い入れ量を大幅に増やす、あるいは「担い手」の要件を緩和して支援対象者が増えるようにするなど、それまでとはまるで逆方向の政策を次々に打ち出したのである。

極めつきは農水省総合食料局長が農業界・米流通業界八団体のトップとの連名で出した「生産調整目標達成のための合意書」**（写真）**だった。そこには「それぞれが生産調整目標の達成に向けて考えられるあらゆる措置を講じる」とまで書かれていた。食管法時代顔負けの締め付けである。ここまでしなくてはならないほど自民党政権は追い詰められていた。

〇九年九月に行われた衆院選でも、民主党が三〇八議席と過半数を占めたのに対し自民党は一一九議席とこれまた空前の敗北になり、鳩山由紀夫を首相として民主党、社会民主党、

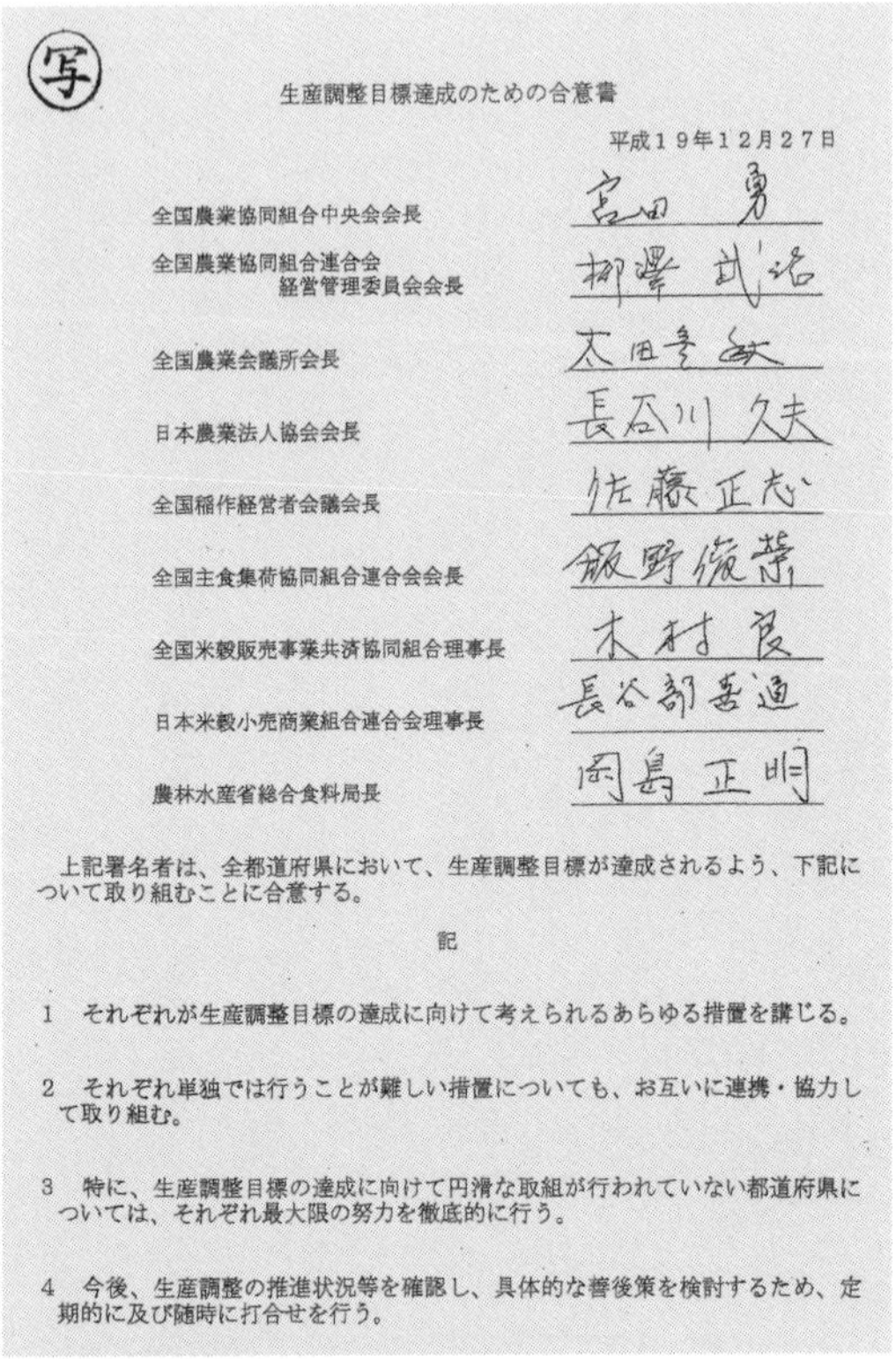

写

生産調整目標達成のための合意書

平成１９年１２月２７日

全国農業協同組合中央会会長	宮田 勇
全国農業協同組合連合会 経営管理委員会会長	柳澤 武治
全国農業会議所会長	太田豊秋
日本農業法人協会会長	長谷川 久夫
全国稲作経営者会議会長	佐藤正志
全国主食集荷協同組合連合会会長	飯野俊彦
全国米穀販売事業共済協同組合理事長	木村 良
日本米穀小売商業組合連合会理事長	長谷部喜通
農林水産省総合食料局長	岡島 正明

上記署名者は、全都道府県において、生産調整目標が達成されるよう、下記について取り組むことに合意する。

記

1　それぞれが生産調整目標の達成に向けて考えられるあらゆる措置を講じる。

2　それぞれ単独では行うことが難しい措置についても、お互いに連携・協力して取り組む。

3　特に、生産調整目標の達成に向けて円滑な取組が行われていない都道府県については、それぞれ最大限の努力を徹底的に行う。

4　今後、生産調整の推進状況等を確認し、具体的な善後策を検討するため、定期的に及び随時に打合せを行う。

生産調整目標達成のための合意書

国民新党の連立政権が誕生した。衆院選で野党が議席の過半数を獲得して政権を奪取したのは憲政史上初めてだった。

農水省はすでに財務省に提出ずみだった一〇年度予算概算要求をそのままにするわけにいかず、民主党農政の看板である戸別所得補償制度をとりあえずモデル対策として行うことに改め、翌一一年度から本格実施することにした。必要不可欠でないと判断された事業を廃止または縮小する「事業仕分け」によって農林水産関係の公共事業費を三四%も削り、その多くを戸別所得補償に振り向けたのである。

三つの直接支払い

農村票を取り込んだ戸別所得補償制度とはどういう事業なのか。モデル対策に続いて本格実施された一一年度で見よう。この制度は三種の直接支払いから成り立っている。

①米そのものに対する助成として、生産調整に参加する生産者に直接支払いする「米の所得補償交付金」と「米価変動補てん交付金」のセット

②食料自給率向上のために水田で戦略作物を栽培する生産者、言い換えれば米から戦略作物へ転作する生産者への助成としての「水田活用の所得補償交付金」

③水田または畑地で戦略作物に属する畑作物を栽培する生産者に販売価格と生産費の差額を補てんする「畑作物の所得補償交付金」

まず米の所得補償交付金は、米の生産数量目標に従って主食用米を生産した販売農家と集落営農に対し、標準的な生産費と標準的な販売価格の差額分に相当する金額として一〇アール当たり全国一律に一万五〇〇〇円を支払うものである。農家にとってはその分、所得の底上げになる。

しかし、これだけでは米価が大きく下がった場合には赤字になる。米価変動補てん交付金は当年産の販売価格が標準的な販売価格を下回った場合にその差額を埋めるための支払いで

ある。生産数量目標を守った農家はたとえ米価が低落しても、販売した米の代金と米の所得補償交付金、米価変動補てん交付金を合わせれば確実に生産費をまかなえ、経営の安定に役立つ、ということになる。

二つ目の水田活用の所得補償交付金は戦略作物を栽培する販売農家や集落営農組織に対し、作物ごとに定めた金額を直接支払いするものである。戦略作物とは輸入の多い（言い換えれば自給率の低い）麦、大豆、飼料作物、ソバ、ナタネと、ほかに米粉用など新規の需要拡大が見込める米や、米菓などの原料となる加工用米を指す。麦、大豆、飼料作物は自民党政権下でも重視されていたが、民主党はそれ以外に、主食用でない新規需要米や加工用米——言わば米による転作——と、生産額はそれほどでないが自給率がきわめて低いソバ、ナタネを加えた。

それまで転作作物への助成は米の生産数量目標を守った生産者だけが対象にされた。しかし民主党が〇四年の「農林漁業再生プラン」で掲げた「現在四〇％の食料自給率を政権交代から一〇年後に五〇％に引き上げ、将来は六〇％以上に」という目標に迫るためには、そんなことを言ってはいられない。この交付金は戦略作物の生産増加に貢献した農家であれば、米の生産数量目標の達成とは無関係に支払われる。ひと昔前だったら「生産調整破り」と周りの農家から白い目で見られたかも知れない農業者を、自給率向上のために取り込もうというのである。

一〇アール当たりの交付単価は全国一律で最高が米粉用、飼料用、バイオ燃料用の米と稲発酵粗飼料（ホールクロップサイレージ＝ＷＣＳ）にする稲の八万円、最も低いソバ、ナタネ、加工用米で二万円である。バイオ燃料とはもともとサトウキビ、トウモロコシなどの植物資源（バイオマス資源）を発酵させ、蒸留してつくられるエタノールのことで、ガソリンの代替燃料として利用される。米もコストの高さを交付金で埋めれば利用可能になる。またホールクロップサイレージは完熟する前の稲の実と茎葉を同時に収穫し、サイロに詰めて発酵させたもので牛の飼料になる。交付金の額にこんなに差があるのは、次に見る三つ目の直接支払いと関係する。

畑作物の所得補償交付金は自民党政権下で〇七年度に始まった品目横断的経営安定対策（〇八年度から水田・畑作経営所得安定対策と改称）の生産条件不利補正対策（ゲタ対策）に代わるもので、販売農家を対象に、麦、大豆、テンサイ、でん粉用バレイショ、ソバ、ナタネにつき、標準的な生産費と標準的な販売価格の差額分を直接支払いする。支払額は小麦六〇キログラム当たり六三六〇円、大豆が同じく一万一三一〇円など作物ごとに異なる。さらに、「営農継続支払い」と称して一〇アール当たり二万円を前年産の生産面積に応じて支払う。二万円という額は農地を農地として保全し、営農を継続するために最低限の経費がま

表2－4　戸別所得補償制度による各作物の所得比較

（10ａ当たりのイメージ、単位：千円）

	販売収入 ①	戸別所得補償 交付金②	収入合計 ③＝①＋②	経営費 ④	所得 ③－④
小麦	12	79	91	45	46
大豆	21	73	94	42	52
米粉用米	25	80	105	62	43
飼料用米	9	80	89	62	27
ソバ	25	43	68	27	41
ナタネ	38	52	90	37	53
主食用米Ａ （生産調整参加）	106	15	121	80	41
主食用米Ｂ （生産調整不参加）	106	0	106	80	26

（資料）農水省「農業者戸別所得補償制度の概要」（2011年度版）より作成。

かなえる水準と説明された。

たいへん複雑な仕組みだが、以上の制度をまとめて作物別に一〇アール当たりの所得を比べてみると、民主党政権の意図が明らかになる。

例えば小麦は、販売収入一万二〇〇〇円に対し経営費が四万五〇〇〇円かかり、それだけだと大変な赤字だが、戸別所得補償交付金が七万九〇〇〇円入るおかげで四万六〇〇〇円の所得になる。収入合計に占める交付金の割合を計算すると八七％にのぼる。

一方、主食用米の生産者で生産調整に参加しなかったＢの場合、米そのものの販売収入は小麦の九倍近い一〇万六〇〇〇円だが、交付金がゼロのため所得は二万六〇〇〇円にとどまり、小麦をはるかに下回る。政府は、まず主食用米の生産調整に参加し、余った水田や畑には戦略作物を栽培しなさい、その方が所得は増えますよ、と呼びかけたのである。

「農家丸抱え型」への回帰

自民党政権下で米政策は「農業者・農業者団体が主役となる需給調整システム」に向けて仕上げの段階に入ろうとしたところだった。「米づくりの本来あるべき姿」実現の目標時点は二〇一〇年度だったが、民主党政権はそれにストップをかけ、国が生産数量目標を配分する方式を採用した。再び政府主導型の需給調整手法に戻したわけである。

自民党が施策の対象を規模の大きい経営に集中し、「効率的かつ安定的な経営」の育成に的を絞ったのに対し、民主党政権は大小ひっくるめた販売農家の全部と、小規模農家中心で構成される集落営農とを支援の対象とした。「農家丸抱え型」の政策へ回帰したことになる。こうした政策が打ち出されてから、それまで担い手農家に農地を貸していた兼業農家ないしサラリーマン農家の間で、農地を返すよう求める「貸しはがし」の動きが各地で見られた。

当然、各方面から「零細農家を温存し、農業の生産性向上を妨げる」との批判も強く出された。これに対する民主党の回答は「補償の基準が全国一律なので、生産性の高い農家ほど有利であり、担い手の育成に役立つ」というものだった。その是非については議論が分かれたが、自民党時代より手厚い保護により、規模の大きい経営がより大きな恩恵を受けたことは確かである。これは別の面から見れば、担い手農家がより政策支援依存型になったとも言えよう。

賛否両論が交錯した戸別所得補償制度だが、民主党政権がわずか三年余りで崩壊したため、成否を論じるほどの結果を見るには至らなかった。例えば米の所得補償交付金の場合、二〇一一年度で見ると、主食用米の作付面積が大きい経営ほど加入率が高いという調査結果がある。平成二四（二〇一二）年度の食料・農業・農村白書から引用する（注1）。「5ha以上では98％が加入している一方、〇・5ha未満では4割が未加入となりました。また、実際に交付された交付金の6割は、加入者の1割に当たる2ha以上層の加入者に交付されています。」

しかし、それが結果として日本農業の構造変化にどう影響したかは明らかでない。そもそも、つかの間の民主党農政とは何だったのか？　民主党が分裂したため党自身が総括する機会は失われたままである。

自民党農政の再出発

二〇一二年一二月の衆院選で今度は自民党が絶対安定多数の二六九議席を大きく上回る二九四議席を獲得した。〇七年にわずか一年で退陣した安倍晋三首相が復活を果たし、第二次安倍内閣が発足した。翌年七月の参院選でも自民党は公明党と合わせて過半数を制し、衆院＝自民多数、参院＝野党多数という「ねじれ国会」は解消した。

第二次安倍内閣の旗じるしは、「大胆な金融政策」「機動的な財政政策」「民間投資を喚起する成長戦略」を「三本の矢」とする経済政策「アベノミクス」である。長引く経済低迷に対し、アベノミクスを進めることでデフレから脱却し、名目で年率三％程度、実質でも同二％程度の持続的な経済成長を実現しようというものである。

成長戦略を具体化した「日本再興戦略」は一三年六月に閣議決定された。そこでは分野ごとに達成すべき成果目標（ＫＰＩ、Key Performance Indicator）を定め、戦略の改訂ごとにトップダウンで見直すこととした。農林水産業については「農林水産業を成長産業にする」として六項目のＫＰＩを掲げた。その後、一四年と一五年の改訂で追加された目標も含めると次のようになる。

- 今後一〇年間で全農地面積の八割が担い手によって利用されるようにする。
- 今後一〇年間で担い手の米の生産コストを現状の全国平均に比べ四割削減する。
- 今後一〇年間で法人経営体数を五万に増やす。

・六次産業の市場規模を現状の一兆円から二〇二〇年に一〇兆円とする。
・農林水産物・食品の輸出額を現状の約四五〇〇億円から二〇二〇年に一兆円とする。
・今後一〇年間で六次産業化を進める中で、農業・農村全体の所得を倍増させる戦略を策定する。
・酪農家による六次産業化の取組件数を二〇二〇年までに五〇〇件に倍増させる。（一四年追加）
・農林水産物・食品の輸出額を二〇二〇年の一兆円達成後さらに三〇年には五兆円の実現を目指す。(注2)（同）
・担い手の飼料用米生産コストを一〇年後（二〇二五年度）に五割程度低減させる。（一五年追加）

「再興戦略」決定に先立つ一三年五月、政府は「農林水産業・地域の活力創造本部」を立ち上げた。本部長は安倍首相自身である。一二月には「強い農林水産業」「美しく活力ある農山漁村」をキャッチフレーズとする「農林水産業・地域の活力創造プラン」を決定した。そこには「再興戦略」が掲げたＫＰＩ以外にも「今後一〇年間で加工・業務用野菜の出荷量を五割増加」「新規就農し定着する農業者を倍増し、一〇年後に四〇代以下の農業従事者を四〇万人に拡大」など数々の目標を盛り込んだ。

「活力創造プラン」の決定に伴い、農水省は「新たな農業・農村政策」と銘打って以下のような「四つの改革」に乗り出した。第二次安倍内閣による農政改革の出発点である。

（1）農地中間管理機構の創設＝都道府県ごとに農地中間管理機構（農地バンク）を設け、担い手への農地利用の集積を加速させる。

（2）経営所得安定対策（民主党政権下では農業者戸別所得補償制度）の見直し＝生産調整参加者を対象とする米の直接支払交付金は一四年産から一〇アール当たり七五〇〇円に半減した上で一七年度まで続ける。

（3）水田フル活用と米政策の見直し＝水田で麦、大豆、飼料用米、米粉用米など需要のある作物の生産を振興し、水田のフル活用を進める。特に飼料用米と米粉用米への直接支払いは一〇アール当たり八万円だったのを、収量に応じ最高一〇万五〇〇〇円に引き上げる。五年後を目途に、行政による生産数量目標の配分がなくても需要に応じた米生産が行えるようにする。

（4）日本型直接支払制度の創設＝以上の産業政策に対し地域政策としては、農業の多面的機能を守るため中山間地域等直接支払制度などの既存の制度に加え、規模の大きい担い手に集中しがちな水路、農道などの管理を地域ぐるみで行う共同活動を対象に「農地維持支払い」という名の直接支払制度を創設する。

生産調整目標配分の廃止

この中で米に関する最大の注目点は（3）の「生産数量目標の配分がなくても需要に応じた米生産が行えるようにする」というところである。当時、ジャーナリズムでは「生産調整廃止」「減反廃止」という文字が飛び交った。きっかけとなったのは、一三年一〇月の産業競争力会議農業分科会に主査の新浪剛史《にいなみたけし》ローソン社長が提出したペーパーである。そこには「生産調整を中期的に廃止していく方針を明確化する」「平成二八年には、生産数量目標の配分を廃止し、生産調整を行わないこととする」と記されていた。

生産調整のための水田減反が始まったのは一九七〇年だから、廃止されるなら四十数年ぶりの抜本改革ということになる。かねがね経済界や学者の一部に生産調整の全廃を求める声があったことも事実である。しかし、そうはならなかった。

「活力創造プラン」の別紙「制度設計の全体像」はこう書かれていた。

「五年後を目途に、行政による生産数量目標の配分に頼らずとも、国が策定する需給見通し等を踏まえつつ生産者や集荷業者・団体が中心となって円滑に需要に応じた生産が行える状況になるよう……」

「廃止」とは国が主食用米の生産数量目標を決めて配分するのを廃止することであって、生産調整そのものをやめるというわけではなかった。米の生産過剰状態が続いている以上、何らかの需給調整対策は依然として欠かせないが、調整の主役は国から民間へ移す、という意味である。食糧法の生産調整に関する規定も、表現は変わったものの依然として残った。

ここで自民党から民主党への政権交代の前、〇四年度から進められた米政策改革を思い出そう。一〇年度を「米づくりの本来あるべき姿」とする改革の中で、需給調整については「農業者・農業者団体が主体的に地域の販売戦略により需要に応じた生産を行う姿[注3]」とされていた。政権奪回後の「活力創造プラン」ではこれに「集荷業者・団体」が追加され、「主体的に」が「中心になって」と表現は微妙に変わったが、国による配分をやめるという方向自体は当時から変わっていなかった。

「活力創造プラン」で国による生産数量目標の配分を廃止するとされた「五年後」とは二〇一八年を指している。実際には一七年一一月末、生産数量目標に代わって需給を安定させるための「適正生産量」を農水省が決めた。数量は一七年産米の生産数量目標と同じ七三五万トンとした。

国は既定方針通り、この数字を都道府県に配分することはしなかった。その代わり、東京、大阪を除く四五道府県で行政や農業団体が「農業再生協議会」を組織し、「適正生産量」をにらみながら生産数量目標に代わる「目安」を設定することになった。しかし「目安」であるからには強制力はない。一〇アール七五〇〇円だった直接支払いがこの年からはゼロになるので、個々の農家が「目安」を守るメリットもない。守るかどうかは農家次第というわけである。そこで需給安定のために、農業関係以外に米の流通、外食・中食、加工に関わる団体も加わって「全国農業再生推進機構」が設立された。民間主体による生産調整の旗振り役である。

さて政府による配分廃止初年度の結果はどうだったか。一八年産主食用米の作付面積は前年より一万六〇〇〇ヘクタール（一・二％）多い一三八万六〇〇〇ヘクタールだったが、作況指数が九八の「やや不良」だったため、生産量は七三三万トンと「適正生産量」をわずかではあるが下回った。「配分廃止」の滑り出しはまずまずだったと言える。しかし人口が年々減っているから、主食用以外の需要や輸出が伸び続けない限り「適正生産量」も先細りになる可能性が大きい。飼料用米などの高額な直接支払いが将来にわたって続けられるか、という財政上の問題も残されている。

〈注釈〉
（注1）一六九ページ。
（注2）このあと一六年の改訂では一兆円達成を一年前倒しして二〇一九年とした。
（注3）「米政策改革基本要綱」から。

4　瑞穂の国の実力は？

ＴＰＰ交渉への参加

二〇一二年一二月にスタートした第二次安倍晋三内閣にとって、差し迫った課題はＴＰＰ（環太平洋パートナーシップ）協定への対応だった。農業関係者の間では、ＴＰＰが目指す関税の原則全廃に対する不安がとりわけ大きかった。

ＴＰＰの交渉は一〇年から始まっていた。初めに参加したのはアメリカ、オーストラリアなど八か国で、〇六年にニュージーランドなど四か国の間で発効した「Ｐ４協定」を拡大したものである。すでにＷＴＯがあるのに、ＴＰＰは屋上屋を重ねることにならないのか。

二〇世紀の終盤、政治、経済、社会、文化などさまざまな面で国境を越えた移動・交流が活発になり、グローバル化が進展した。経済面で言えば商品・サービスの貿易や海外投資が盛んになり、いやおうなく国と国の関わりが深まった。ウルグアイ・ラウンドの長期交渉をへて一九九五年に発足したＷＴＯはその象徴的存在である。

設立から六年後の〇一年、カタールの首都ドーハで開かれたWTO閣僚会議は新たな多角的貿易交渉（ドーハ・ラウンド）の開始を宣言した。交渉は翌年から始まったものの、一〇〇か国以上が参加する大組織だけに利害が複雑に絡み合い、その後の交渉はなかなか進まない。どの分野でも加盟国間、特に先進国と新興国の主張が一致しない状態が延々と続いた。

WTOがもたつくのを見て、まずは一部の国家間または地域でまとまって貿易自由化や経済連携を進めようという動きがあちこちで出てきた。グローバル化を補完するものとしてのリージョナリズム（地域統合）である。早期の成果を求める国々はFTA（自由貿易協定）あるいはEPA（経済連携協定）といった二国間協定を次々に締結した。日本も〇一年のシンガポールを手始めとして、安倍政権発足の一二年までに一七の国・地域と次々に交渉を始め、うち一三か国・地域との協定はすでに発効していた。

一方では二国間交渉に飽き足らず、より広域な経済連携を追求する国々があった。その交渉の一つがTPPである。TPP交渉が始まった年、日本では民主党が政権を握っていた。交渉開始から約半年後の一〇年一〇月、菅《かん》直人首相は所信表明演説でTPP交渉への参加を検討すると述べ、後継の野田佳彦首相の下でまず日米間の事前協議も始まった。ところが尖閣諸島の国有化問題でつまずいた野田首相は、衆院解散、総選挙へと追い込まれて自民党に大敗し、ＴＰＰも安倍政権が引き継ぐこととなる。

選挙に当たり自民党は農村票に配慮して「聖域なき関税撤廃を前提とするＴＰＰ交渉への参加反対」という立場をとった。しかしグローバル化を積極的に受け止め、輸出にも強い農林水産業を実現しようとする安倍首相は、「ＴＰＰは聖域なき関税撤廃を前提としていない」という理由を付けてあっさり方向転換し、一三年七月のマレーシアでの会合から一二番目の交渉参加国として席についた。

ＴＰＰ交渉は日本の参加から二年余りでまとまり、一六年二月に一二か国が協定文に署名した。ＴＰＰが従来の協定と大きく異なる点は対象となる国際間ルールの多様さである。貿易や投資に関することはもちろん、インターネット上の国際取引や環境保護などの新しい分野についても交渉が行われた。そういう幅広い協定であることを認識した上で、ここでは日本農業に限定して影響を考えれば、何と言っても輸入関税の引き下げ・撤廃の程度が最大の問題だった。

「聖域は守った」と自賛

日本の場合、全貿易品目の九五％、農林水産物だけで見ると八二％が最終的に関税ゼロとなる。この数字だけを見ると日本は貿易自由化のため大幅に譲歩したようだが、ＴＰＰは当初から関税の原則全廃を掲げていた交渉だから、これでも日本の関税撤廃率は一二か国中でいちばん低い。日本以外ではカナダの九五％が最も低く、アメリカは九九％、オーストラリア、ニュージーランドなど四か国は一〇〇％撤廃することになった。農林水産物・食品の重点品目すべてで日本の輸出相手国の関税撤廃が実現した。

輸入に関しては、日本は農産物と加工品のうち特に影響の大きい米、麦、牛肉・豚肉、乳製品、甘味資源作物を「重要五品目」(注1)として交渉に当たった。合意内容について農水省は「重要五品目を中心に、国家貿易制度や枠外税率の維持、関税割当やセーフガード（緊急輸入制限）の創設、長期の関税削減期間の確保等の有効な措置を確保」(注2)したと自賛した。「聖域は守った」というわけである。例えばこんな具合になる。

牛肉＝一六年かけて現在三八・五％の関税率を九％まで引き下げる。期間中、輸入が急増した場合はセーフガードを発動できる。

バター＝輸出入を国が行う国家貿易制度を今後も続けるが、ほかに交渉参加国向けの「TPP枠」を設定。国家貿易の枠を超えて民間が輸入する枠外輸入の関税率は引き下げない。

チーズ＝日本人の嗜好に合うモッツァレラ、カマンベール、プロセスチーズなどの関税率は維持する。主に原材料用のチェダーなどは一六年かけて関税を撤廃する。

米については日本の主張通り、WTOで認められている国家貿易制度や枠外輸入の高率関税は維持された。ただし、新たにアメリカとオーストラリアには関税のかからないSBS（売買同時契約）の特別枠を設けることになった。その量はTPP発効当初にアメリカが五万トン、オーストラリアが六〇〇〇トン、一三年目以降はそれぞれ七万トンと八四〇〇トンに増える。交渉に参加した米輸出国、とりわけアメリカに配慮したわけである。

政府はTPP合意に当たり国内対策として、SBSの特別枠と同量の国産米を、不作などの際に備えて国がストックする備蓄米として買い入れることを決めた。アメリカ産やオーストラリア産の安い米が市中に出回る分だけ国産米の流通量を減らし、価格の低下を防ごうというのである。この通りに運べば、今はごく少ない枠外輸入が大幅に増えない限り、国産米が輸入米に食われるとしても限定的ということになる。

想定外の結末

すんなり発効するかに見えたTPPだが、各国が承認手続きを始めた段階で予想外の事態が待っていた。日本でTPP関連法案の国会審議が始まって一カ月もたたない一六年一一月、アメリカでは共和党のドナルド・トランプが大統領選挙に勝利した。それまでTPP交渉を推進してきた民主党政権に対し、トランプ大統領は就任するとすぐさま、TPPから永久に離脱する大統領令に署名した。「アメリカ・ファースト」を掲げて当選したトランプは、日本から大量に輸入される自動車などを念頭に、アメリカの産業振興と労働者保護のためには二国間交渉こそ必要という立場を鮮明にしたのである。

アメリカの離脱を受けて、残る一一か国は改めて議論の末、合意内容のうち一部の項目の効力を凍結した新協定を結ぶことで合意した。一八年末に発効した新しい協定はCPTPP（環太平洋パートナーシップに関する包括的及び先進的な協定、通称TPP11）と呼ばれる。農業分野では関税をはじめ変更箇所はなく、アメリカだけが「不適用」となる。米で言えば日本はアメリカとオーストラリアを対象にSBSの特別枠を設定したが、アメリカの撤退でオーストラリアだけが対象になる。

この結果はアメリカにとって損なようだが、トランプ大統領はTPPの代わりに日米二国間の新しい交渉を求めてきた。一九年四月に始まった日米貿易協定交渉は、翌年一一月に控える大統領選挙での再選に向け何かと目立ちたいトランプの意向を受けて急ピッチで進み、一〇月に両国が署名した。協定は一八年一二月のTPP11、一九年二月の日EU・EPAに続いて二〇年一月に発効した。

日米貿易協定で農林水産物に関しては輸入関税を削減・撤廃する品目や時期をTPPと同じ内容にするなど、全体としてTPPの範囲内にとどまった。焦点の米については、調製品(注3)を含めて関税削減・撤廃の対象から全面的に除外することでアメリカの合意を取り付けた。

ＴＰＰでアメリカとオーストラリアについて認めたＳＢＳ輸入枠も、アメリカについては設けないことになった。

ＪＡ全中の中家《なかや》徹《とおる》会長が「生産現場は安心できる」と評価したと伝えられる(注4)など、日米協定は農業団体としても想定の範囲内だったとされている。ただし自動車やサービス分野では追加交渉が予定され、農業に火の粉が及ぶ可能性がないとは言えない。

ＴＰＰ11と日米貿易協定を合わせた日本農業への影響について、農水省は関税削減などによる価格低下で農業生産は約一二〇〇億～二〇〇〇億円減少すると試算した。ただし、これは何の政策的支援もなく放置した場合のことで、農水省の答えは、生産コスト低減や品質向上のための体質強化対策、経営安定対策などの国内対策で農家所得は確保され、国内生産量も維持される、というものである。

「輸出を一兆円に」

日本がＴＰＰ交渉に参加した二〇一三年は、ＥＵとのＥＰＡ交渉や、中国が主導するＲＣＥＰ（東アジア地域包括的経済連携）の交渉が開始された年でもある。前年にはカナダとのＥＰＡ交渉も始まった。〇七年から続けられてきたオーストラリアとのＥＰＡ交渉もヤマ場を迎えていた。

安倍首相はこうした動きを積極的に受け止め、日本農業もその潮流に乗せようとした。今後、少子高齢化につれて国内市場の縮小が懸念される中、グローバル化が避けて通れない道であるなら、日本農業の国際競争力を強め、輸出で稼げる成長産業にすることによって農家の所得を増やす、という構想だった。

安倍はすでに〇六年、初めて首相に選ばれた時から「農林水産物・食品の輸出を一兆円に増やす」と唱えていた。その後、民主党政権をはさんで再スタートした第二次安倍内閣では、発足から一か月後、農水省に「攻めの農林水産業推進本部」が設けられた。同本部は戦略の第一に「需要フロンティアの拡大」を掲げた。国内市場の開拓と合わせて、今後一〇年で倍増すると見込まれる世界の食市場向けに日本の農林水産物・食品の輸出を伸ばそうというもので、当時（二〇一二年）の四五〇〇億円から二〇二〇年（後に繰り上げて一九年）には一兆円に拡大するという目標を設定した。一三年の「日本再興戦略」ではこれが成果目標（ＫＰＩ）の一つに位置付けられたことは2章3で見た通りである。

農水省は一二年度の補正予算にさっそく「輸出拡大及び日本食・食文化発信緊急対策事業」を計上し、輸出に取り組む農林漁業者や食品事業者の活動支援に乗り出すとともに、日本食・食文化の海外向け普及活動を強化した。翌一三年度からは外務省や経済産業省、ＪＥＴＲＯ（ジェトロ、日本貿易振興機構）と連携して「輸出倍増プロジェクト」もスタートする。

この場合、単にモノを輸出するだけでなく、日本の食文化の普及や食産業の海外展開と一体的に進めようとしたのが特徴である。具体的には次の三つの取り組みを指す。

①日本の食文化・食産業の海外展開（Made BY Japan）

②農林水産物・食品の輸出（Made IN Japan）

③世界の料理界における日本食材の活用推進（Made FROM Japan）

政府はFROM、BY、INの頭文字からこれを「FBI戦略」と呼んだ。

従来、農業関係者の多くは輸出にあまり期待していなかった。そもそも輸出しようという意識が乏しかった、と言うべきかも知れない。第二次安倍政権スタートの一二年実績で見ると、農林水産物・食品の貿易額は輸入七兆九〇〇〇億円に対し、輸出は四五〇〇億円と輸入の五・七％でしかない。日本は農林水産物・食品に関しては圧倒的な輸入大国なのである。

グローバル化路線をひた走る安倍政権下の農政に対し、農業関係者の間では、輸入がさらに増えて日本農業が苦しさを増すと批判的な受け止め方が多かった。しかし、政府の大がかりなキャンペーンによって食品企業やＪＡ全農が輸出増加のために行動を起こし、一部の農業者も目を海外に向けるようになった。

安倍政権の輸出拡大戦略が「日本農業は国際化に弱い」という固定観念を変えるきっかけになったことは確かである。長らく一進一退だった農林水産物・食品の輸出は、近年、海外で日本食人気が高まっていることを背景に伸びている。一九年の実績は政府が掲げた一兆円の目標には届かなかったものの九一〇〇億円となり、一二年から見れば倍増した。もっとも、「届かなかった」を強調するか、「倍増」を評価するかで見方は分かれる。

農水省が毎年発表している「農林水産物輸出入概況」から、この一〇年間で輸出金額の上位二〇品目がどう変化したかを見よう（**表２‐５**）。すぐ目に付くのは水産物と加工食品が大部分を占めていることである。さらに加工食品では、輸出品であってもその原料が国産とは限らないことに留意する必要がある。日本農業新聞が

表２－５　農林水産物・加工品の輸出金額上位20品目

順位	2009年	2019年
1	たばこ	アルコール飲料
2	ソース混合調味料	ホタテ貝
3	真珠	ソース混合調味料
4	アルコール飲料	真珠
5	ホタテ貝	清涼飲料水
6	さけ・ます	牛肉
7	粉乳	ぶり
8	かつお・まぐろ類	なまこ（調製品）
9	貝柱（調製品）	さば
10	播種用の種等	菓子（米菓を除く）
11	清涼飲料水	たばこ
12	なまこ（調製品）	かつお・まぐろ類
13	菓子（米菓を除く）	丸太
14	すけとうだら	緑茶
15	さば	りんご
16	豚の皮	播種用の種等
17	ぶり	粉乳
18	水産練り製品	水産練り製品
19	小麦粉	スープ・ブロス
20	りんご	植木等

（出所）農林水産省「農林水産省輸出入概況」各年

農水省に要求して細部のデータを出させたところ、輸出金額で上位に位置する品目のうち原料の多くを輸入しているものとして、ソース混合調味料、菓子（米菓を除く）、ビール、しょうゆ、小麦粉、即席麺などがあると分かった。(注5)輸出品イコール「純国産品」というわけではない。

農産物だけで見ると、かつて二〇位以内の常連はリンゴだけだった。そこへ一二年に牛肉が輸出額五一億円で初めて二〇位に入った。その後ぐんぐん番付を駆け上がってリンゴを抜き、一九年には二九七億円で六位に食い込んだ。実に六倍近い伸びである。今や日本産牛肉の人気にあやかろうと、オーストラリアや中国では、日本産ではないが和牛の血を引いた牛の肉が「ＷＡＧＹＵ」の名で商品化され、日本産に比べて安いことを武器に国際市場でシェアを拡大している。

米は経営規模と単収で後れ

ではこの章の主役である米はどうか。

第二次安倍内閣発足の一二年には四万九五〇〇トン、金額にして二八億円の米が輸出された。ただし、その大部分は政府が食糧援助の一環として輸出したもので、商業用に限ると二二〇〇トン、七億円にすぎない。政府が新たに掲げた目標は、商業用の米のほかに加工品

表2－6　米と米製品の輸出額

（単位：百万円）

	米	米菓	日本酒	計
2012年	726	2,902	8,946	12,574
2019年	4,620	4,306	23,412	32,338
2019/2012	6.4	1.5	2.6	2.6

（注）「米」は援助米を除いた商業用のもの。

の米菓、日本酒を加えた輸出額を一二年の一二六億円から二〇年には六〇〇億円にするというものである。一九年の実績は三二三億円と目標の半分強にとどまったが、米だけだと四六億円で六・四倍に増えた（**表2・6**）。さらなる輸出増加は期待できるだろうか。

日本の米は味の良さで世界中に知られている。いろいろな穀物の品質などを検査する日本穀物検定協会が一九七一年から米の食味ランキングを続けており、八九年からは特に味がいい米として「特A」というランクを設けた。産地と品種を組み合わせて「新潟県魚沼産コシヒカリは特A」というようにランク付けする。特Aランク米は八九年産では一三銘柄だった。米の味は毎年の天候などに左右されるから「特A」の数も変動するものの、二〇一九年産では五四銘柄に達している。

国内市場が縮小のコースをたどっている今、こんなにうまい米がそろっているなら世界中へ輸出できるのではないか、と考えたくなる。そのための課題として、米の研究者たちが異口同音に強調するのは経営規模の拡大と単収（面積当たり収穫量）の向上による価格競争力の強化、言い換えればコストダウンである。[注6]

日本農業の苦しいところは、第一にオーストラリア、アメリカなどの農産物輸出大国に比べ農業経営の規模がきわめて小さいことである。稲作経営の平均規模で比べると、一七年現在、日本の一ヘクタールに対しアメリカ・カリフォルニア州は一六一ヘクタールとなっている。この結果、日本の米の生産コストはアメリカの約七倍、日本としては大規模な三〇ヘクタール以上の経営に絞っても五倍近い。(注7)3章2で見るように日本でも規模拡大は進んでおり、岩手県の西部開発農産や茨城県の横田農場のように主食用米だけで一〇〇ヘクタールを超える経営も出てきたが、輸出大国のレベルには遠い。

もう一つの弱みとして単収の停滞をあげなくてはならない。一九九五年ごろまでは世界の五位以内に入るほどだったが、その後は各国の伸びに追いつけず、じりじりと順位を下げた。一八年の日本の単収は五二九キログラムで一〇位にも入れず、日本への輸出国であるオーストラリア（八三一キログラム）やアメリカ（六九〇キログラム）に水をあけられているばかりか、アジアでも韓国、中国の後塵を拝している。(注8)

生産調整の開始以来、日本の米はひたすら味の良さを追求してきた。特Aランク米の増加が示すようにその成果は大きかったが、その半面、単収の向上という点で後れをとったことも事実である。かつて朝日新聞社が一九四九年から六八年まで続けた多収穫競争「米作日本一」コンクールでは、一位入賞者の一〇アール当たり収穫量が一トンを超えた年が三回もあった。
現在はどうかと言えば、主食用米と違って味に関係なくもっぱら収穫量の多さを競う「飼料用米多収日本一」の農林水産大臣賞受賞者でさえ一九年産で九四〇キログラムである(注9)。食糧不足だった時代に、たっぷり手間ひまかけて多収穫を競ったコンクールと今日の稲作を同列に比べるわけにはいかないが、日本の米にも単収を伸ばす潜在力はあることを知っておきたい。

〈注釈〉
(注1) 牛肉と豚肉はまとめて一品目と数えられた。
(注2) 農林水産省が二〇一五年一二月に発行したパンフレット『農政新時代』一ページ。
(注3) 複数の原料を混合した食品を言う。例えば米粉に砂糖やでん粉を混ぜたものは「米粉調製品」である。
(注4) 『日本経済新聞』二〇一九年九月二七日。
(注5) 『日本農業新聞』二〇一八年九月五日。
(注6) 例えば大泉一貫《かずぬき》『希望の日本農業論』一二八～一四三ページ。
(注7) 農林水産省「米をめぐる関係資料」(二〇一九年一一月)による。
(注8) FAOSTAT(国連食糧農業機関のデータベース)による。元データ(もみ)を玄米に換算した。
(注9) 日本飼料用米振興協会ホームページより。

3章

農業・農村を誰が支えるか

青ネギの収穫（イオンアグリ創造・栃木宇都宮農場）

1　担い手が足りない！

農業者の減少と高齢化の同時進行

毎年一五〇万円を最長七年間差し上げます――民主党政権下の二〇一二年度、農水省の予算に「青年新規就農者倍増プロジェクト」の一環として「青年就農給付金」という新規事業が盛り込まれた。四五歳未満で新たに農業を始める青年に対する国からの支援金であり、初年度にさっそく六八〇〇人余りが受給した。

フランスで一九七三年に創設された「就農交付金」をモデルとするこの給付金には「準備型」と「経営開始型」の二種類がある。準備型は農業を始めるため都道府県農業大学校などの農業教育機関や先進農家・農業法人で研修を受ける青年を対象に最長二年間給付する。一方、経営開始型は新規就農してから経営が安定するまで最長五年間の給付で、もし準備型と経営開始型の両方を満額受給すると、通算七年で合計一〇五〇万円になる。

経営開始型の特例として、夫婦ともに就農して共同経営者となる場合は二人で一・五人分、五年分だと一一二五万円を給付する。仮に準備型の給付を受けた男女が結婚して経営を開始したとすれば、二人合わせて最大一七二五万円の給付を受けられるわけである。一七年度からは「農業次世代人材投資事業」と名称が変わり、一九年度には対象年齢を五〇歳未満に引き上げるなどの手直しも行われたが、基本的な仕組みは同じである。

給付の対象はこれから農業を始めようとする者、あるいは始めたばかりの者であり、彼または彼女がちゃんと経営を軌道に乗せ、農業者として定着するかどうかは未知数である。そういうリスクがあっても国が給付金を用意するのは、裏返せばそれほど若い農業者が待望されていること、さらに就農してもなかなか所得が増えず、経営が軌道に乗る前に挫折するケースも多いことを意味している。農業者として自立できるまでの困難な時期をこの給付金で乗り越えてほしい。そういう願いを込めた事業である。

日本は人口減少・高齢化という問題に直面しているが、農業はそれをはるかに先取りしている。青年就農給付金創設の前、二〇一〇年に行われた世界農林業センサス(注1)の結果によると、農業就業人口(注2)は二六一万人と二〇〇〇年の三八九万人からわずか一〇年間で三分の二に減った。生産年齢人口と呼ばれる一五～六四歳層の占める割合も五七％から三八％へと急落した。農業者の減少と高齢化の同時進行――これが日本農業の将来にとって最大の不安要因になっている。

いびつな年齢構成

農業者が減ることは第二次世界大戦直後の一時期を除きずっと続いてきた現象であり、それ自体は必ずしも悪いことではない。後継者のいない農家が農業をやめ、浮いた農地が意欲ある農業者に集まれば、経営規模の拡大につながる。実際にそういう動きも広がっていることは3章2で見ることにする。

また農業はもともと、年をとってもそれなりに働ける仕事である。農業機械や施設の発達で高度な知識・技術を求められることが多くなり、昔ながらの技術が通用しにくくなった分野はあるものの、七〇歳台でもトラクターを乗り回し、地域農業のリーダーとなっている農業者は珍しくない。定年で勤めをやめた人が農業を始めることを「定年帰農」と呼ぶが、農村では定年帰農者もしばしば若手扱いされる。それほど平均年齢が高いということである。トラクターには乗れなくなったとしても草取りや水管理など、年齢にかかわらず引き受けられる仕事はたくさんある。一九九〇年代からは農産物の直売所が各地に開設され、それが高齢農業者の生きがいにもなっている。

近年は障がい者が活躍できる場としての農業が注目され、「農福連携」の動きが盛んになっている。政府も二〇一九年に「農福連携推進ビジョン」を取りまとめた。

図３－１　年齢別農業就業人口の推移

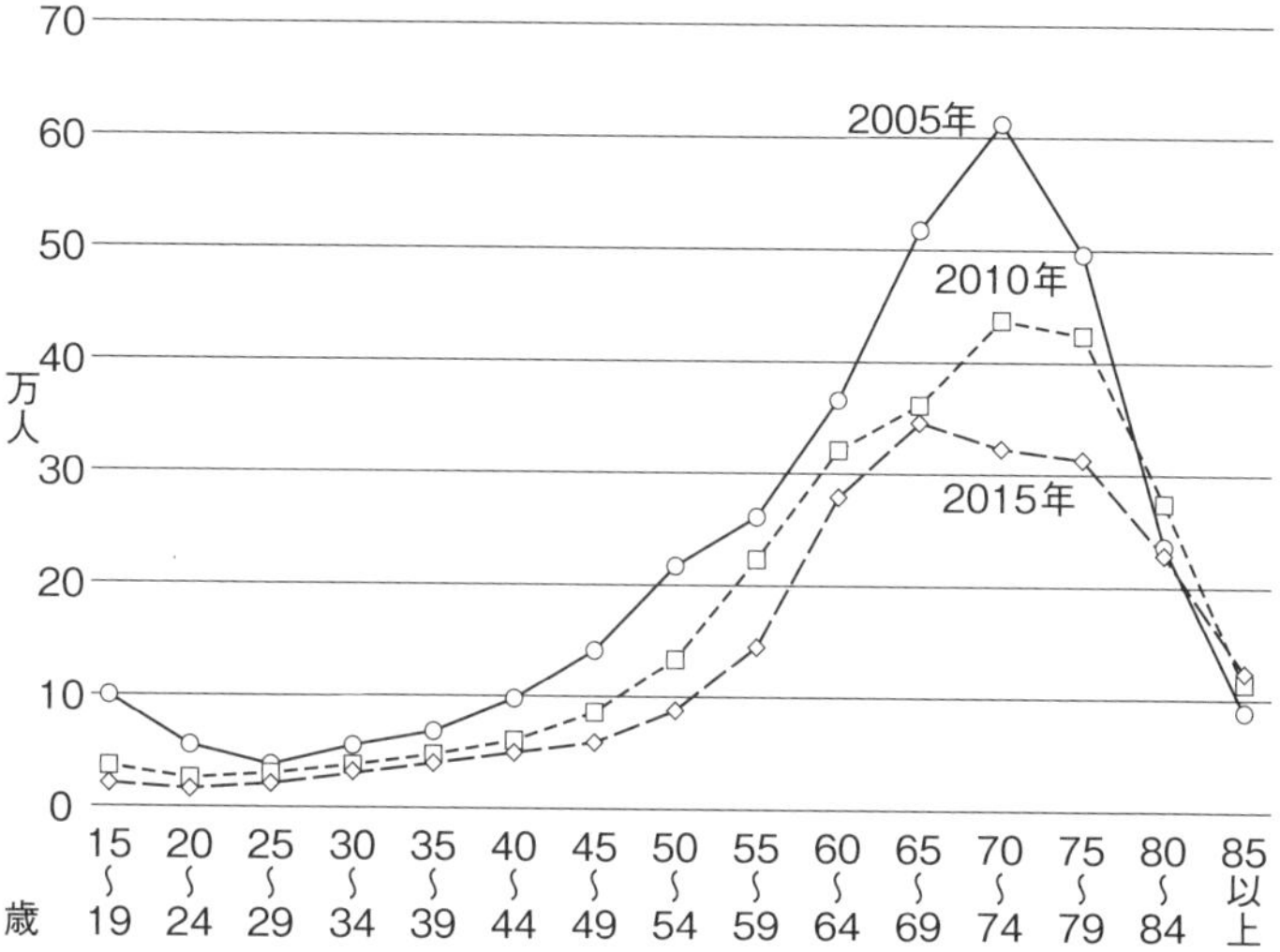

（資料）農林業センサス各年

こうしたことはすべて農業と農村社会の優れた一面である。けれども日本農業の将来を考えると、どうしても若い農業者がある程度の割合で存在することが必要である。農業就業人口の年齢構成はあまりにもいびつになってしまった。**図３・１**は〇五年から五年置きの農業就業人口を五歳刻みで区分したものである。山が右に大きく寄っており、しかもその峰が五年ごとに低くなっていることがひと目で見て取れる。

長らく日本農業を労働力面で支えてきた昭和一ケタ世代（一九二六～三四年生まれ）は二〇一四年に全員が八〇歳以上になった。戦後のベビーブームで登場した団塊の世代（一九四七～四九年生まれ）も二四年には七五歳以上の後期高齢者となる。定年帰農などを計算に入れてもグラフの峰がぐっと低くなることは確実である。

放っておけば農業者数が先細りになることは早くから認識されていた。一九七〇年代末ごろから九〇年代にかけて、北海道や岡山県を皮切りにまず地方自治体から非農家出身者の就農支援が始まっている。その内容は、どうしたらうまく就農できるかの相談、離農者が残していった農地や自治体が整備したハウス・果樹園などの貸し付け、さらに研修資金の融資と多様である。中には県公社の臨時職員として採用し、就農時の生活支援をした県もある。

国の予算では新規就農希望者の相談窓口として一九八七年に新規就農ガイド事業が始まり、全国農業会議所に新規就農ガイドセンター（後に新規就農相談センター）が設けられた。九五年には青年等就農促進法（青年等の就農促進のための資金の貸付け等に関する特別措置法）が制定され、無利子の就農支援資金の融資も開始された。

3章2で見るように農業法人が力を付け、経営拡大などのため従業員を求める法人が増える一方、法人に就職する形で農業を始める青年も多くなったことから、両者のマッチングをする場として九七年度に農業法人の合同会社説明会が始まった。現在の「新・農業人フェア」である。〇八年度には農業法人が就農希望者に対し現場で行う実践的な研修（ＯＪＴ＝オンザジョブ・トレーニング）に対して国が経費を助成する「農の雇用事業」も登場した。

民間による就農支援

公的支援だけに任せてはおけないと、農業団体や農業法人の間でも就農支援の活動をするところがたくさんある。二つの法人の例をあげよう。

群馬県の（株）野菜くらぶ（澤浦彰治社長）は二〇〇〇年に研修者向けの「独立支援プログラム」を作った。きっかけは、取引先にレタスを安定して年間供給するため、群馬県以外に新しい農場を作ろうとしたことだった。農場には経営者が必要である。研修生の中に希望者はいる。しかし新人農業者にいきなり農場経営ができるほど農業は気楽な仕事ではない。事実、澤浦社長が引き留めるのを振り切って野菜くらぶから独立・就農したものの、経営を軌道に乗せられなかった青年もいた。残念な経験を踏まえて作った支援プログラムの概要は次の通りである。（注3）

①野菜くらぶに属する農家で一年以上研修する。
②研修後は会社を設立して独立する。
③会社設立の資金の半分を野菜くらぶが負担する。
④独立後は野菜くらぶが販売、経営、人事、技術につき全面的にバックアップする。
⑤両者は契約書を交わし、お互いの責任を明確にする。

至れり尽くせりの支援によって、県内外の各地に野菜くらぶの「卒業生」が根付き、グループとしての安定供給に貢献している。

神奈川県出身の木之内均は一九八五年に熊本県で農業を始め、観光イチゴ園の（有）木之内農園を築いた。農業経営の一方で、熊本県教育委員会委員長をつとめたこともあり、現在は東海大学経営学部の教授でもある。彼自身が非農家の生まれだっただけに、新規就農希望者の育成にはことのほか熱心で、自らの就農から四年後に早くも研修生の受け入れを開始した。その中から幹部社員が生まれただけでなく、独立して就農した青年も各地に定着している。

長年にわたる研修事業の経験を基に、二〇〇三年には地域の農業経営者や農業法人と連携してＮＰＯ法人阿蘇エコファーマーズセンター（後にＮＰＯ法人九州エコファーマーズセンターと改称）を設立した。定員二〇名を対象に全寮制で二年間、プロ農家となるために必要な知識と技術を教える。木之内自ら講義をするだけでなく、後半の一年間は研修生の希望に応じて野菜、果樹、畜産などの会員農家に派遣し、現場で農業経営の実際を身に付けさせる。

研修終了後も木之内農園が借地のあっせんをするほか、就農当初は販売先の確保に苦労するため代理で販売したり、補助金の申請についてアドバイスするなどの支援をする。センターの修了生は一〇〇〇人を超えた。二〇一六年に熊本地震が発生し、木之内農園のある阿蘇地域は甚大な被害を受けたが、センターは地域の農地の復旧に力を注ぐなど、さらに幅広い活動を展開している。

若い新規就農者の倍増を

日本農業が将来にわたって持続するには毎年、何人ぐらいの農業者が補充されればいいのだろうか。そこへ進むための予備知識として、新しく農業を始める人たちの動向を見ておこう。

農水省の統計では新規就農者を三種類に分けている。

①新規自営農業就農者＝学生や勤めから自分の家の農業に従事するようになった者
②新規雇用就農者＝新たに法人などの常雇いとして農業に従事するようになった者
③新規参入者＝土地や資金を親からの相続・贈与でなく独自に調達して農業経営を始めた者

日本の農業就業人口が戦後減り続けてきたことは先に述べた。新規就農者も一九九〇年に一万五七〇〇人まで減ったが、九一年のバブル経済崩壊を機に増加に転じ、二〇〇三年には八万人を超えるまでになった。昔から新規就農者は景気の低迷期に増える傾向があり、今回も例外ではなかった。その後は再び減少したが、農の雇用事業や青年就農給付金による下支えなどがあって近年は五万～六万人台で推移している。

ただし、新規就農者の中には定年帰農者など高齢になってから農業を始める人も多い。将来の日本農業を考えると若い農業者の確保が何よりも重要である。そのために、民主党政権は青年就農給付金事業を開始したのと同じ年に定めた「日本再生戦略」に、政策目標として「毎年二万人の青年就農者の定着（二〇一六年目途）」を掲げた。

青年就農給付金は政権奪還後の自民党政権にも引き継がれた。安倍内閣が一三年一二月に決めた「農林水産業・地域の活力創造プラン」では「新規就農し定着する農業者を倍増し、一〇年後に四〇代以下の農業従事者を四〇万人に拡大」することを政策目標とした。同プランは毎年のように改訂されているが、この目標は「一〇年後」が「二〇二三年」と改められたほかは変わっていない。

新規就農者のうち農業の将来を担う若い世代を何歳で線引きするか。青年就農給付金の受給資格は当初四五歳未満だったが、一九年度からは五〇歳未満に引き上げられた。農水省が一二年度から行っている新規就農者調査の公表資料でも、近年は総数以外に四九歳以下（つまり五〇歳未満）の数値を表示している。一八年度の同調査によると、五万五八一〇人の新規就農者のうち四九歳以下は一万九二九〇人で、内訳は新規自営農業就農者九八七〇人、新規雇用就農者七〇六〇人、新規参入者二三六〇人となっている。

表3－1　新規就農のコース

農家出身者	親元就農（親戚含む）	①親と同じ経営で就農
		②同じ経営だが親と異なる作目・分野（第2創業）
	農業法人に就職	③何年か修業してから自家農業を継承
	④親から独立して別の経営を開始	
非農家出身者	⑤結婚などで農家に入って経営を継承	
	⑥独自に農地を見つけて就農（新規参入）	
	農業法人に就職	⑦折を見て独立就農（新規参入の1形態）
		⑧法人の幹部を目指す

（注）日本農業経営大学校での経験を基に、江川卓「多様化する新規就農者の動向と就農支援の取組体制」（『農林金融』2012年11月号）等を参考にして作成。

就農コースは多様化したが

これだけの青年新規就農者がいれば、「青年層の新規就農者を毎年二万人程度確保していく必要[注4]」という目標をほぼクリアしているように見えるが、実際には全員が農業者として定着するわけではなく、三割前後がさまざまな事情で離農することを忘れてはならない。「活力創造プラン」が「倍増」を目標にしているのも、そういう現実を計算に入れてのことである。

新規就農の姿は多様化している。統計上の分類は先に述べた通りだが、彼らが実際に歩むコースは**表3-1**のようにもっと複雑である。

農家出身者であれば、昔は学校を出たらすぐ、または会社などに何年か勤めた後、親と同じ経営で将来の後継者として就農する「親元就農」が普通だった。今は「親元」であっても親とは別の部門を新規に開拓して担当する「第二創業」も見られるし、親から完全に独立して新規に経営を開始することもある。近年よく見られるのは、実家の経営を継ぐ前に別の農業法人などで何年か働き、経験を積んでから実家に戻るケースである。古くからある言葉を使えば「他人の釜の飯を食う」ということになる。

非農家出身者の場合、かつては「農家の娘（または息子）と結婚して農家に入るのが農業を始めるための早道」とされた。そういう幸運なケース以外では、独自に農地を見つけて就農するのが「新規参入」である。それ以外に、先にみた野菜くらぶや木之内農園のような農業法人などに就職（雇用就農）して技術や経営を学び、折を見て独立する人もいる。農業法人も後継者不足に悩むところが少なくないから、これからは法人に就職した後、その法人の幹部となって経営者を目指す若手も増えてくるだろう。

しかし、新規就農後に離農する青年が三割もいることからも明らかなように、一人前の農業者として定着するまでの道は平坦ではない。中でも非農家出身者が新規参入した場合は、ゼロからの出発だけに困難も多い。全国新規就農相談センターが二〇〇二年度から一六年度までに五回行った調査では、新規参入者のうちおおむね農業所得で生計が成り立っているのは全体の二割台から三割台、就農から五年目以上の者に絞っても五割前後は農業所得で生計が成り立っていない、という厳しい結果が出た。(注5)

所得が足りない新規参入者たちは、就農前の蓄えを取り崩したり、身内から資金を借りたりして当座をしのぎながら、多くの場合、農業以外の仕事で収入を補うことで農業を続けている。好きで始めた農業だから耐えられるのだが、刀折れ矢尽きて撤退するケースが少なくないことも事実である。それだけに、新規参入者たちにとって青年就農給付金は干天の慈雨とも言える施策になった。

〈注釈〉
（注1）農林業・農山村の基本構造の実態とその変化を明らかにするため、農水省が五年ごとにすべての農家、林家と農林業の法人を対象に行う調査。
（注2）経営耕地面積が三〇アール以上あるか、農産物を年間五〇万円以上販売している農家（販売農家）の世帯員で、自営農業に主として従事した者の数を言う。
（注3）野菜くらぶホームページによる（二〇二〇年）。
（注4）農林水産省『平成二五年度食料・農業・農村白書』八五ページ。なお二六年度白書の一〇七ページにも同様な文章がある。
（注5）全国新規就農相談センター・全国農業会議所「新規就農者の就農実態に関する調査結果」。

2 「効率的・安定的経営」を目指して

増える大規模経営

農業者の減少と高齢化の同時進行は日本農業の抱える大問題である。しかし、視点を一八〇度変えて、規模拡大による生産性向上で食料・農業・農村基本法の掲げる「効率的かつ安定的な農業経営」を目指す農業者の側から見れば、農地を借りたり買ったりして経営を拡大するチャンスということになる。

かつて農地は農家にとって何よりも大切な資産だった。農家の子弟、とりわけ長男は「先祖代々の土地を守る」ことこそ務めとされた。しかし今は必ずしもそうではない。例えば働き手が高齢者だけで後継者のいない農家にとっては、しばしば農地の維持管理がお荷物になっている。それを最もよく示すのは耕作放棄地の拡大である。

1章1で耕作放棄地が一九九〇年に東京都の総面積と同じくらいにまで増えたと述べた。二〇〇〇年以後、増加率はやや低下しているものの、一五年には四二・三万ヘクタールと、四七都道府県で総面積三三位の富山県（四二・五万ヘクタール）に匹敵するほどになった。今や「平坦でまとまった優良農地しか買わない、借りない」などと限定しなければ、経営面積を拡大することは難しくない時代である。

二〇一五年農林業センサスの結果によると、日本には自作地と借地を合わせた経営耕地面積が一〇〇ヘクタール以上の大規模農業経営体が一五九〇ある。一〇〇ヘクタールは東京ドーム二一個分に相当する面積である。全国の一経営体平均は二・五ヘクタールだから、一〇〇ヘクタールは飛び抜けて大きい。

「それは北海道のことだろう」と思う人がいるかも知れない。確かに北海道はもともと都府県に比べ大きな経営が多く、一五九〇のうち一一六八は北海道にある。しかし、都府県も四二二と四分の一を占める。日本の農家は昔から「零細」という言葉を付けて呼ばれることが多かったが、一九九〇年代に入るころから、主として借地による規模拡大が急ピッチで進み始めた。

一九九五年農業センサス（注1）の結果を分析した宇都宮大学教授・宇佐美繁は経営規模拡大の動きに目を見張った。当時の平均規模は一・五ヘクタールだったが、九〇～九五年に借地で規模拡大し、五ヘクタール以上を耕作する農家が急増していた。大量の小規模農家が経営を縮小するか離農した結果、大部分は賃貸借という形で意欲ある農家に農地が集まり出したのである。養鶏や養豚でも販売金額五億円以上の企業的経営が大きなシェアを持つようになった。宇佐美は九七年の著書でこの現象を、借地型の大規模経営と、数の上では圧倒的に多い自給型農家あるいは土地持ち非農家との「二極化・分解の過程」と結論づけ、日本農業は「世紀末にふさわしい大きな変動過程」に入ったと展望した。(注2)

五ha以上層に耕地の六割

センサスの報告書では農業経営体の規模を所有地と借地を合わせた経営耕地面積で「〇・三ヘクタール未満」から「一〇〇ヘクタール以上」まで細かく区分している。この区分の最高は九〇年まで「五ヘクタール以上」だったが、九五年に「一五ヘクタール以上」に、そして二〇〇五年からは一挙に「一〇〇ヘクタール以上」まで引き上げられた。大規模化の進行を統計があわてて追いかけている格好である。

一五年センサスでも農業経営体総数は減り続けているが、その中で五ヘクタール以上の全階層が前回調査より増えたのに対し、五ヘクタール未満の各階層はすべて減少とくっきり色分けされた。全国で七・六％（北海道七五・〇％、都府県五・六％）の経営体が、農政が「担い手」と位置付ける五ヘクタール以上層になり、経営耕地の六割弱がこの層に集積している。

二〇世紀終盤からのこうした潮流を加速させようと、第二次安倍晋三内閣が農政改革の柱の一つに据えたのは、一四年三月に施行された農地バンク法（農地中間管理事業の推進に関する法律）である。各都道府県に設けられた第三セクターの農地中間管理機構（農地バンク）[注3]が農地の出し手（所有者）から農地を借り、受け手となる農業経営者に転貸する。従来の農地流動化施策と異なり、単に農地の貸借をあっせんするのではなく、あちこちに分散している農地をなるべく集約化し、必要なら基盤整備をするなど、利用しやすくしたうえで受け手に渡すことも狙っている。

一方、同じ農業でも広い土地を必要としない養豚や養鶏では、規模拡大の進み方ははるかに速かった。旧農業基本法の下、「畜産三倍、果樹二倍」のキャッチフレーズで農業生産の「選択的拡大」が進められたころを振り返ると、一戸当たりの規模は一九六五年に養豚で五・七頭、採卵鶏では二七羽だった。それが半世紀余り後の二〇一九年には一経営体当たり豚が二一一九頭で三七二倍、採卵鶏に至っては六万六九〇〇羽で二四七八倍と、文字通りケタ違いの拡大ぶりである。放牧するのに広い草地を必要とする牛でさえ、同期間に肉用牛は四二倍、乳用牛も二六倍に拡大した。

個々の経営が大規模化するのとは別に、「集落営農」も増えてきた。農水省による集落営農の定義は「集落を単位として農業生産過程における一部又は全部についての共同化・統一化に関する合意の下に実施される営農を行う組織」と回りくどいが、要するに農家が集落でまとまって農業生産を効率化しようというのである。一九七〇年代ごろからまず西日本中心に始まり、近年は全国で一万五〇〇〇前後となっている。メンバーの高齢化による担い手不足に苦労しながらも、経営する耕地が一〇〇ヘクタールを超える大型組織も二〇二〇年に四六七を数える。(注4)

「小農」の言い分

とは言え、北海道を別にすればなお過半の経営体が一ヘクタール未満の小規模経営であることも忘れてはなるまい。大規模化とは異なる「もう一つの道」があることを主張する「学会」も現れた。

二〇一五年一一月、福岡市に約八〇人の農業者や研究者が集まって「小農学会」を設立した。呼びかけたのは鹿児島大学名誉教授で定年後は自ら農業をしている萬田《まんだ》正治《まさはる》と農民作家の山下惣一である。小農という言葉は日本農業のいわば象徴として二〇世紀早々から使われてきたが、農業基本法と食料・農業・農村基本法の時代を通じて小農が政策の主柱になることはなかった。それが今、なぜ小農学会なのか。設立趣意書にはこう書かれている。

「農政の流れは、営農種目の単純化・大規模化・企業化の道を推し進めようとする。それに抗してもう一つの農業の道、複合化・小規模・家族経営・兼業・農的暮らしなど、小農の道が厳然としてある。（中略）小農の道をめざす勢力がもっと結集し、研鑚し、社会的発言力を高める必要があるのではないか。」

ここで小農の中に「農的暮らし」までが含まれていることを見落としたくない。萬田は『小農』[注5]誌創刊号への寄稿「小農とは」で「既存の小農を基軸としながら、これのみに限定せず、農的暮らし、田舎暮らし、菜園家族、定年帰農、市民農園、半農半X[注6]などで取り組む都市生活者も含めた階層こそが、新しい小農と定義づけたい」と記している。

小農学会の設立者たちにとっては、国連が二〇一四年を「国際家族農業年」と定めたことも力となった。山下は設立総会の基調講演で、国連で家族農業は「家族の労働を主に用いて所得または現物を稼ぎ出している農業」と定義されているとして、これは「小農と同義です」と述べた。

小農学会の発足後、一七年の国連総会は二〇一九～二八年を「家族農業の一〇年」とすることも全会一致で決定した。国内でも二〇年三月に変更された食料・農業・農村基本計画（第五次）では「中小・家族経営など多様な経営体」が農業生産と合わせて地域社会の維持に重要な役割を果たしている実態を認め、産業政策と地域政策の両面からの支援を行うよう求めるなど、「もう一つの道」を評価する機運も出始めている。

農業経営も法人に

農業経営の規模が大きくなって人を雇用したり、加工や直接販売に乗り出すところが増えるとともに、法人化するところが増えてきた。それらの農業法人が連携し、経営の確立や社会的貢献の役割を果たそうと、一九九六年八月、東京に代表者二五〇人が集まって全国農業法人協会を設立した。会長の坂本多旦《かずあき》（船方総合農場、山口県）をはじめ副会長の奥村一則（サカタニ農産、富山県）、同じく齋藤作圓《さくえん》（秋田ニューバイオファーム、秋田県）など、当時の農業界を代表する法人経営者が名を連ねた。

農業の場合、法人には大別して会社法人と農事組合法人がある。後者は農業に特有の法人で、農家が農作業を共同で行うなど農業生産の協業を図るための組織として農協法に定められている。当時、全国に農業法人は四〇〇〇余りあり、そのうち一〇六二法人が創立時の会員となった。任意団体としてスタートした同協会は九九年に社団法人日本農業法人協会に衣替えした。二〇一九年現在、会員数は二〇〇〇余りとなっている。

農家が法人を作った最初は一九五二年、鳥取県のナシ農家による有限会社設立だったとされる。五六年には同県でさらに五社が生まれた。翌五七年には徳島県のミカン農家がやはり有限会社を立ち上げ、その年のうちに同県内のミカン農家により一〇三もの有限会社が設立された。(注7)個人経営の場合に比べ税金が安いというのが主な理由だった。しかし当時は農地法第一条に「農地はその耕作者みずからが所有するのが最も適当」という「自作農主義」が明記されていた時代である。農水省は法人が所有者から農地を借りることは農地法に違反するという立場だった。徳島県で最初に法人化した二農家はとうとう業を煮やし、法人化を認めるよう行政訴訟まで起こした。これにより、農業経営の法人化という日本農業にとって全く新しい問題が広く知られるようになった。

訴訟には敗れたものの、全国農業会議所などの運動が実って六二年には農地法の改正が行われ、「農業生産法人制度」が設けられた。売上高の過半を農業（販売、加工などを含む）から得ているなどの要件を満たして農地を所有できる法人を特に区別してこう呼んだのである。ただしこの時点では、最も普通の法人である株式会社は農業生産法人になれず、有限会社、合資・合名会社と農事組合法人に限定された。株式会社の場合、株式が売買されて農業と関係のない者が経営に深く関与する可能性のあることが警戒された。

株式会社が農業を行う道を開いたのは二〇〇〇年の農地法改正（一二月公布、〇一年三月施行）だった。ただし、農地が投機目的で取得されるのを防ぐため株式の譲渡制限という条件が付き、一般企業の参入は事実上、不可能に近かった。この時の改正は農業者が中心になって株式会社を作ることを想定していたからであり、企業の参入自由化は〇九年の改正まで待たなければならなかった。

　話を戻して、農家はなぜ法人化するのだろうか。鳥取、徳島での法人化は税金対策として始まったが、むろんそれだけではない。二〇〇〇年度に日本農業法人協会が会員を対象に行った「二一世紀農業法人のスガタ・カタチを探る」という実態調査がある。三〇〇余りの回答結果は**表3-2**の通りで、目的としては「社会的信用」が約六割に及んだ。「雇用・人材確保」や「資金の借入」も多いが、そのためにも「社会的信用」が必要、という関係になる。

　この調査では法人化した結果、どんなメリットがあったかも聞いている。回答は「家計と経営の分離」がほぼ半数でトップを占めた。どんぶり勘定から脱却し、経理・経営内容を明確にすることは法人経営の第一歩である。そのことが「信用力向上」をもたらし、「労働力確保」や「融資枠の拡大」、ひいては「従業員の自覚の高まり」にもつながることに

表3－2　法人化の目的とメリット

目　　的	回答率（%）	メリット	回答率（%）
社会的信用	58.9	家計と経営の分離	49.3
雇用・人材確保	47.6	法人格として信用力向上	42.2
資金の借入	39.7	社会保険制度への加入	34.0
税務対策	39.7	労働力確保が容易に	31.7
販路の開拓	28.9	制度資金融資枠の拡大	24.4
地域農地維持	26.1	責任分担の明確化	20.4
その他	13.3	構成員の自覚の高まり	20.1

（出所）日本農業法人協会「2000年度農業法人実態調査結果・21世紀農業法人のスガタ・カタチを探る」（2001年3月）。

なる。

農業生産法人は一六年の農地法改正で「農地所有適格法人」と呼称が変更された。その数は緩やかながら着実に増加し、一九年には一万九二〇〇に達した。その中には六九〇〇の株式会社が含まれている。集落営農も総数一万五〇〇〇の三分の一余りが法人化しており、株式会社化したところも六〇〇近い。

大規模化の泣きどころ

農業者の高齢化がさらに進み、農業をやめる農家が多い以上、残った農業経営体の規模拡大はさらに進むと見込まれる。とは言え、大規模化にもいくつかの泣きどころがある。

第一は、規模拡大しても農地が一か所にまとまりにくいことである。規模の小さい多数の農家から農地を借りても、当然ながらあちこちに分散している。このため農作業をしている時間より圃場間を移動する時間の方が多い、などというケースも珍しくない。農地バンクは担い手に農地を転貸する際、なるべく集約することにしているが、平坦地はともかく、傾斜地の多い中山間地域ではなかなか実績につながらないという悩みがある。

第二に、規模が大きくなれば生産コストもそれにつれて下がると考えられがちだが、農業の場合は必ずしもそうではない。稲作経営で見ると、一〇～一五ヘクタールまでは規模拡大に伴ってコストダウンできるものの、そこを過ぎると下げ止まりになる傾向があることが指摘されている。この原因として農地の分散があることはもちろんだが、農業・食品産業技術総合研究機構中央農業総合研究センターの梅本雅《まさき》は「より本質的には規模が大きくなっても技術体系が変わらない」ことをあげている。(注8)大規模経営にふさわしい機械体系や作業方式の開発が遅れているというのである。

突破口はあるのだろうか。農水省が技術面での切り札として力を入れているのが「スマート農業」である。同省が二〇一三年から一四年にかけて開いた「スマート農業の実現に向けた研究会」の中間とりまとめでは、スマート農業は「ロボット技術やICT（情報通信技術）等を活用し、超省力化や高品質生産等を可能にする新たな農業」と説明されている。

具体的な効果としては、①超省力・大規模生産を実現、②作物の能力を最大限に発揮、③きつい作業、危険な作業から解放、④誰もが取り組みやすい農業を実現、⑤消費者・実需者に安心と信頼を提供——の五点をあげ、中でも①については「トラクター等の農業機械の自動走行の実現により、規模限界を打破」と述べている。

スマート農業の具体例としてはロボットトラクター、自動運転田植機、水田の自動水管理システム、トマト収穫ロボットなどが実用化され、ドローンの活用も進んでいる。一九年度からは全国六九の農場で農水省によるスマート農業実証プロジェクトも始まった。これらが実際にどこまで経営改善に貢献するかは、日本農業の将来を左右する課題である。

そして第三に、大規模経営の多くが補助金（交付金）による国の支援抜きには成り立ちにくい体質になっていることがある。水田作で見ると、主食用米の価格が低下傾向にある中、飼料用米、米粉用米、麦、大豆といった戦略作物の生産に対する「水田活用の直接支払い」をはじめ各種の直接支払いで経営が回転しているのが実情である。

大規模経営にとっては補助金の安定性が魅力である。管理面積八五五ヘクタールと本州最大級の（株）西部開発農産（岩手県北上市）は一九年に主食用米の栽培を減らして稲発酵粗飼料（ホールクロップサイレージ＝ＷＣＳ(注9)）を増やした。照井勝也代表はその理由を「ＷＣＳは、政府から交付金が出ているため安定した収入が見込め、主食用米よりも経営を見通せるためシフトした(注10)」と語っている。

農水省の二〇一八年農業経営統計調査で具体的に見よう。水田作経営(注11)のうち都府県の個別経営では、農業粗収益に占める共済・補助金等受取額(注12)の割合が平均で一四％だった。延べ面積で五ヘクタール未満の層は一ケタだが、それ以上の各層は二ケタで、最も大きい三〇ヘクタール以上層では三六％を占める。組織法人経営（全国）では平均が三一％、最大規模の五〇ヘクタール以上層では三六％となっている。経営の合理化が進んでいるはずの大規模経営の方が補助金依存型になっているわけである。

もっとも、農業経営が補助金頼みになっているのは日本だけのことではなく、欧米諸国の多くにも共通する問題である。早くから各種の直接支払制度を導入してきたＥＵ諸国で特にその傾向が目立っている。

〈注釈〉

（注１）一九九五年までは末尾が５の年は農業だけのセンサスだった。

（注２）宇佐美繁「総論」（宇佐美編著『日本農業―その構造変動―農業センサス分析（1995年）』一～六ページ。

（注３）「農地集積バンク」とも呼ばれる。

（注４）農林水産省「令和二年集落営農実態調査」（二〇二〇年二月現在）による。

（注５）小農学会発行（二〇一六年）。

（注６）ほかに仕事を持ちながら農業もする生き方。詳しくは４章４を参照。

（注７）中村広次『検証・戦後日本の農地政策』第３章第１節。

（注８）堀口健治・梅本雅編集担当『大規模営農の形成史』。戦後日本の食料・農業・農村編集委員会編集『戦後日本の食料・農業・農村』第一三巻）五〇九ページ以下。

（注９）九一ページ参照。

（注10）『日本農業新聞』二〇一九年七月二日「農業法人に聞く」。

（注11）水田で稲、麦類、雑穀、豆類、いも類、工芸農作物を栽培した経営。年に二作の場合もあるので規模は延べ面積である。

（注12）農業共済の受取額を含むが、大部分は直接支払いの交付金である。

3　企業は救世主となるか

有名会社の参入相次ぐ

二〇〇八年の暮れ近いある日、イオンの岡田元也社長に茨城県牛久市の池辺勝幸市長名で一通の手紙が届いた。中には市内の耕作放棄地を活用して農業に参入するよう呼びかけるパンフレットが入っていた。当時、市内には耕作放棄地が農地の二割以上もあった。市はナタネを栽培して食用油を生産し、学校給食に提供するなどして再生を図ってきたが、それにも限界がある。そこで企業に呼びかけて農業をしてもらい、農地の荒廃を防ごうというのである。

牛久市がパンフレットを送った企業は東京証券取引所一部上場企業と食品部門を持つ優良企業合わせて一七七五社にのぼった。その中でイオンは素早い反応を見せ、〇九年三月に「アグリカルチャー事業プロジェクトチーム」をスタートさせた。七月には農産物の生産、加工、管理を行う一〇〇%出資子会社「イオンアグリ創造」を設立、二・六ヘクタールの耕作放棄地を地権者から借り、使える農地に復元して牛久農場を開設した[注1]。

イオンのケースは一例にすぎない。二一世紀が目前に迫った一九九〇年代半ばから農業に参入する企業が目立つようになっていた。イオン以前に本体あるいは子会社を通じて参入した有名企業にはオムロン、カゴメ、ドール、ワタミフードサービス、モスフードサービス、セブン&アイ・ホールディングス（イトーヨーカ堂）などがある。食品の加工・流通、外食など食に関連する企業が顔を並べているのは、農業との関係の深さからして理解しやすい。数の上では地方の中小建設業者が地元で耕作放棄地を借りるなどして農業を始めることが多かった。

そうした中で、制御機器メーカーのオムロンは異色企業の参入として評判になった。水や肥料を徹底的に控える独特の栽培方法で知られる民間研究所と九八年に共同出資会社を設立、北海道千歳市に広さが七ヘクタール（七万平方メートル）もある植物工場を建設してトマトの栽培に乗り出した。植物工場とは光、温度など植物の生育環境を高度に制御し、野菜などを一年中、計画的・安定的に生産する施設である。七万平方メートルは東京オリンピック・パラリンピックのために建設された新国立競技場の建物面積（六万九六〇〇平方メートル）とほぼ同じ広さである。

全国的に耕作放棄地が広がっているのに加えて耕地利用率[注2]も低下するなど、日本農業は既存の農家だけでは持続困難になっている。後継者不足に悩む地域では、牛久市のように自治体が農業に企業を呼び込む対策を打ち出すようになった。非農家出身者の新規就農と並んで、農業の新しい担い手として企業の参入を歓迎する空気が強まってきたのである。茨城県は農業産出額でほとんど毎年、四七都道府県中の二位か三位を占めるが、そんな農業大県にある牛久市も担い手不足の例外ではなかった。

企業参入の要因

もともと農村の現場では企業の参入に対する不信感が強かった。「もうからなければさっさと撤退するのだろう」「農業用水の利用など地域ぐるみで行う活動に混乱を持ち込むのではないか」「取得した農地を産業廃棄物などの置き場に使いはしないか」「農地が投機目的に使われるのではないか」といった懸念である。過去にそうした事実があちこちで見られたことが不信感の根底にある。その感情が消えたわけではないが、耕作放棄地の増加で背に腹は代えられなくなってきた。

もちろん、いかに行政からの要請があろうと、企業が完全にソロバン勘定抜きで新規事業に乗り出すことはあり得ない。農業部門の創設による経営多角化の背景にはさまざまな要因がある。

まず建設業の場合、地方では公共事業への依存度の高い会社が多い。ところが一九九一年のバブル経済崩壊後、公共事業の縮小という困難に直面した。そこで従業員の雇用を確保するために目を向けたのが農業だった。従業員の中には地元の農家出身者がたくさんいるし、休日には農業をしている者も少なくない。仮に農業は未経験でも、ブルドーザーのような重機の操作はお手のものだから、それをトラクターに乗り換えることに抵抗感は少ない。そのことが同時に耕作放棄地の復旧にもなり、地場企業としての地域貢献にもつながるのだから一石二鳥ということになる。

食品関連企業では、参入の狙いは何よりも独自商品の確保である。大手スーパーのイオン、セブン＆アイをはじめ食品流通業界では、プライベートブランド（ＰＢ）や「地元産」を売り物にした有力商品として生鮮食品に注目していた。外食産業でも、例えば居酒屋チェーンのワタミは自社の店で有機野菜を提供するため、〇二年以降、各地に直営の「ワタミファーム」を開設した。野菜だけにとどまらず、養鶏や牧場経営にも手を広げている。「安全・安心なトマト」を使ったハンバーガーが売りもののモスフードも、〇六年に群馬県の有力農業法人・野菜くらぶなどとの共同出資で「モスファーム・サングレイス」を設立したのを皮切りに、各地に「モスファーム」を立ち上げた。

食の安全・安心に対する消費者の関心の高まりも見逃せない。二〇〇〇年から〇八年にかけて、食中毒、偽装表示など食品をめぐって消費者の不安をかき立てる不祥事が相次いだ。雪印乳業の牛乳工場での停電が原因で起きた食中毒事件を皮切りに、ＢＳＥ（牛海綿状脳症）発生による被害対策として国による国産牛肉の買い取り事業が始まったのを悪用し、雪印食品、日本ハム、ハンナンなど業界の有力企業が輸入肉を国産と偽って買い取らせた牛肉偽装事件、さらに不二家、赤福、船場吉兆などによる賞味期限切れ製品の販売や製造日表示の改ざんなどが大きなニュースになった。中国製の冷凍ギョーザに農薬が混入していて食中毒が発生し、同じく中国産の冷凍インゲンからは高濃度の農薬が検出されたことで、とりわけ中国産農産物・加工品への不信感が強まった。

食料自給率（カロリーベース）が八九年に初めて五〇％を切り、以後回復しないことも、消費者の目を国産品に向ける契機となった。国内の自社農場から供給される農産物は生産地、生産者はもちろん、肥料、飼料、農薬の使い方などの「生産履歴」がはっきりしているため、安全・安心を求める消費者への訴求力は強い。

企業の多くが参入理由に地域貢献、環境への配慮、障がい者雇用といったＣＳＲ（企業の社会的責任）の取り組みをあげている。例えば〇八年にセブン＆アイがＪＡ富里市（千葉県）の組合員と共同出資で設立した農業生産法人「セブンファーム富里」は、店舗から出る食品廃棄物を堆肥にして農場で利用し、生産した野菜をイトーヨーカドーの店で販売するというリサイクルを前面に打ち出した。前年に改正食品リサイクル法（食品循環資源の再生利用等の促進に関する法律）が施行され、一二年度までにリサイクル率を食品小売業では四五％に高めるという数値目標の設定が義務付けられたのに対応したものである。

「平成の農地改革」

農業参入の潮流は二〇〇九年の農地法改正で新段階を迎えた。この改正は「平成の農地改革」と呼ばれる。これを境に、誰でも、日本中どこでも、農地を借りて農業を始めることが可能になり、企業の参入がいっそう盛んになった。実質的な改正初年度の一〇年、この時を待っていたかのように参入した企業の中には、食に関係のある企業以外に野村證券やＪＲ九州の名もある。では、なぜ「平成の農地改革」なのか。

第二次世界大戦の敗戦から間もない一九四六（昭和二一）年に行われた農地改革では、大地主の持っていた農地が小作人に解放された。五二年に制定された農地法は、農地の所有者となった農家がその農地を手放して再び小作人に転落するのを防ぐため、農業外からの参入を事実上禁止した。農地はその農地を耕作する者が所有するのが良いとする「自作農主義」を掲げ、農家以外には農地の売買も貸借も認めなかった。

ただし、当時も農地を使わなければ企業の参入は可能だった。例えば養鶏や養豚の場合、畜舎の用地は農地でなく「雑種地」に分類されるため、農地法の規制を受けない。六九年に三菱商事などが出資して設立したジャパンファーム（本社・鹿児島県）など、企業の経営する農場が以前からあるのはこのためである。

農地法はその後、七〇年の改正で農家間であれば農地の貸借を認めたのをはじめ、農業をめぐる状況の変化に応じて何度も改正を繰り返してきた。3章2でも触れた二〇〇〇年改正では、農業生産法人の一形態として、株式の譲渡制限などの条件を付けて株式会社の設立を認めた。

〇三年には小泉純一郎内閣の規制緩和政策として構造改革特別区域（特区）法が施行され、地域活性化のために自治体主導でさまざまな事業が可能になった。農業関係では農地法の特例としてリース（賃貸借）制度を設け、遊休農地がたくさんある地域で企業が市町村と協定を結べば、市町村または農地保有合理化法人経由で農地を借りて農業に参入できるとされた。

農地保有合理化法人とは、農業経営基盤強化促進法に基づいて、小規模農家や離農する農家の持つ農地を買い入れまたは借り入れることで遊休化を防ぐとともに、その農地を意欲ある農業者に売り渡しまたは貸し付けて規模拡大を支援するため、各都道府県に設けられた組織である。特区限定で始まったこのリース制度は〇五年に「特定法人貸付事業」として全国に拡大され、すでに耕作放棄されたり、放棄の恐れのある農地が相当程度あると市町村が認め、有効利用のための基本構想を定めれば、企業が農地を借りられることになった。

　そして〇九年の農地法改正では、ついにリースによる限り農業参入は全面自由化された。それまでは市町村が定めた区域に限られていたのが、そうした制限はなくなった。リース期間も二〇年だったのが五〇年へと借り手有利に延長された。農地の所有者を守ってきた制度から、企業を含め誰であろうと農地が農地としてできるだけ利用されることを第一とする制度への決定的な転換であり、農地法制定時の基本理念だった自作農主義はここで完全に消滅した。これが「平成の農地改革」の意味である。

ニンジン畑（セブンファーム富里）

　企業が農業に参入する方法としては、農地と技術を持っている農業者と共同出資で農地所有適格法人（旧農業生産法人）を作るか、自社で農地を借りて直営農場を開設するか、大別して二つの方法がある。流通業界で見ると前者の例はセブン＆アイや二〇一〇年に参入したローソンであり、後者の例がイオンである。農地所有適格法人であれば農地を買うこともできるが、実際には農地に投資して引き合うほど農業で利益があがる見通しは乏しいため、リース方式は参入意欲のある企業に歓迎された。

年に三〇〇社が参入

農水省の調べ(注3)によると、構造改革特区法で始まったリース方式を利用して農業参入した一般法人は二〇一八年末までで三二八六となった。このうち「平成の農地改革」以後の参入は二八五九、年平均三一八にのぼる。それまで七年間の四二七、年平均六一に比べ五倍以上のペースである。

三二八六の一般法人には普通の企業以外に教育、医療、福祉などのＮＰＯ法人や、農地でない土地で畜産や施設園芸をしていた法人も含まれるが、それ以外で多いのは食品関連産業の六五〇法人（二〇％）である。食に対する関心がますます高まり、食品企業の多くが「できれば国産農産物を使いたい」と考えるのと逆に、農業の担い手が減り、食材の安定確保に不安が生じていることが背景にある。ひところトップを占めていた建設業は三三六法人（同一〇％）に後退した。景気の回復に伴って人手不足が深刻化し、従業員を農業に割けなくなったという事情がある。

では参入の結果はどうだろうか。どの産業であれ参入が成功する保証はないが、とりわけ農業の場合、他産業にはない特性をよく理解していないと、みじめな結果に終わる。

企業の農業参入は一九八〇年代にもブームと呼べるほど盛んだったことがある。ＪＲ東日本が使われなくなったトンネル内で野菜の栽培を始めた（八六年）とか、三井造船の子会社が工場で栽培したシイタケを出荷し始めた（八七年）などというニュースがしばしば報道された。

その多くは、不況に悩む企業が余剰人員と自社の遊休地・施設を活用しようと始めたもので、農地を借りたり購入したりして参入したわけではなかったから、当時でも農地法の規制を受けなかったのである。できれば経営の新しい柱に、と考えた企業もあったが、たいていは目算はずれに終わった。新しい柱に育つどころか、長く続いた事例はほとんど伝えられていない。

そのころとは時代が違い、企業もそれなりの準備をして参入するようになった。イオンアグリ創造のように、全国二〇か所、三五〇ヘクタールの直営農場で野菜、米、果樹を栽培し、栽培形態も露地だけでなくハウス、植物工場にまで手を広げたところもある。

同社は参入五年後から定期採用を始めたが、「四〇人ほど採用しようと考えていたところ、約四〇〇〇人もの応募がありました」というほどの人気企業になった。基本的に一日八時間勤務、残業代もきちんと支払うなど「ごく普通の労働環境を整えるだけで、若い社員たちは生き生きと働いてくれています（注４）」と、二代目社長の福永庸明《やすあき》は語っている。この「ごく普通の労働環境」が従来の農業経営ではなかなか実現できなかった。

しかし全体として見ると、参入結果は決して上々とは言えない。華々しく参入したオムロンが約三年で施設を手放したり、牛丼の吉野家が〇九年に横浜市の農家と共同出資で設立した「吉野家ファーム神奈川」から七年余りで撤退するなど、事例は枚挙にいとまがない。参入時にはしばしば派手に報道されるが、退出はたいていひっそりと行われるため、ジャーナリズムのアンテナにかからないことも多いのである。

コマツナの収穫（イオンアグリ創造・栃木宇都宮農場）

農業参入企業を対象とする調査の一例として、二〇一八年に日本政策金融公庫が食品関係企業（製造業、卸・小売業、飲食業）を対象に行った調査がある。(注5) 回答があった二四九八社のうちすでに参入している企業は一二・七％だった。参入企業に農業部門が黒字化するまでの期間について尋ねたところ、五年以内に黒字化したのは三八％、一〇年以内一〇％、一〇年以上を要したところが七％、そして現在も赤字の企業が四五％と半分近くを占めた。農業と関係の深い食品企業にしてこの有様である。

大地、水、天候など自然の力を借りて生き物（動植物）を生産する農業は、二次、三次産業の経営力をもってしても容易でない「何か」を持っている。

〈注釈〉

（注1）池田辰雄「企業による農業参入の実際」。農政ジャーナリストの会編『日本農業の動き』一八六号「農業改革、議論の行方」一三四～一四一ページ。このほか福永庸明イオンアグリ創造社長の講演記録などによる。

（注2）耕地面積を一〇〇とした作付け延べ面積の割合で、夏はエダマメ、冬はホウレンソウといった具合に、耕地が年間に何回利用されるかを示す。全国平均で一九五〇年代には一三〇台だったが、近年は九〇強、つまり一年に一回転弱しか使われていない。

（注3）農林水産省ホームページ「一般法人の農業参入の動向」（二〇一八年一二月末現在）。

（注4）福永庸明「農業を志す若者たち」。『文藝春秋』二〇一九年一月号八〇ページ。

（注5）日本政策金融公庫「食品産業動向調査」二〇一八年一〇月公表。

4　農協はどこへ行く？

一〇〇〇万人超の巨大組織

二〇〇九年、全国の農業協同組合（農協、愛称ＪＡ[注1]）の准組合員数はついに正組合員数を上回った――。

と言われても、農協に詳しくない人にはそのことの意味が理解しにくいかも知れない。農協の組織や事業の中身は組合員や役職員以外には分かりにくいところがある。初めに農協に関する基本的な情報を整理しておこう。

農協は日本中に存在する。一九五〇年代前半に一万三〇〇〇余りあった農協は六〇年代以降、合併に次ぐ合併で大幅に減ったが、それでも二〇二〇年四月現在、全国で五八四を数える。東京二三区内にさえ四つの農協があり、五〇近い店舗を構えている。

ここで農協というのは、正確には「総合農協」のことである。農水省の統計では、農協は信用（金融）事業を行っている総合農協と、信用事業を持たず、畜産、果樹など特定の農業部門を主力とする組合員で構成される「専門農協」に分けられ、単に「農協」という時は総合農協を指すのが普通である。本書でも特に断らない限り同様である。

農協は組合員に対する営農指導、組合員が生産した農産物の共同販売、農業生産資材や生活用品の共同購買、貯金や融資を行う信用、生命・損害の両方を兼営する共済（保険）など、さまざまな事業をしている。一つの農協はおおむね一市町村から大きいところでは「一県一農協」と言って県全体をエリアとしている。一県一農協の誕生は九九年の奈良県が最初で、ほかに島根、山口、香川、沖縄の四農協がある。

農協は個々に活動するだけでなく、事業分野ごとに都道府県段階と全国段階にそれぞれ連合会・中央会を持っている。経済事業（販売・購買）で言えばＪＡ経済連（県経済農協連合会）とＪＡ全農（全国農協連合会）である。連合会に対し個々の農協は「単位農協」（単協）あるいは「地域農協」と呼ばれる。かつて「系統三段階」と呼ばれていた農協組織は、経営合理化のために県連合会と全国連合会の統合(注2)が始まって一部が二段階になったり、一県一農協の誕生で県連合会がなくなるなどの変化により複雑化しているが、概要は**図３‐２**のようになっている。

第二次世界大戦後、農村民主化政策の一環として農協法（農業協同組合法）が制定されたのは一九四七（昭和二二）年だった。四六〇万人でスタートした農協の組合員数は二〇一三

図３－２　ＪＡグループ（総合農協）の組織・事業概要

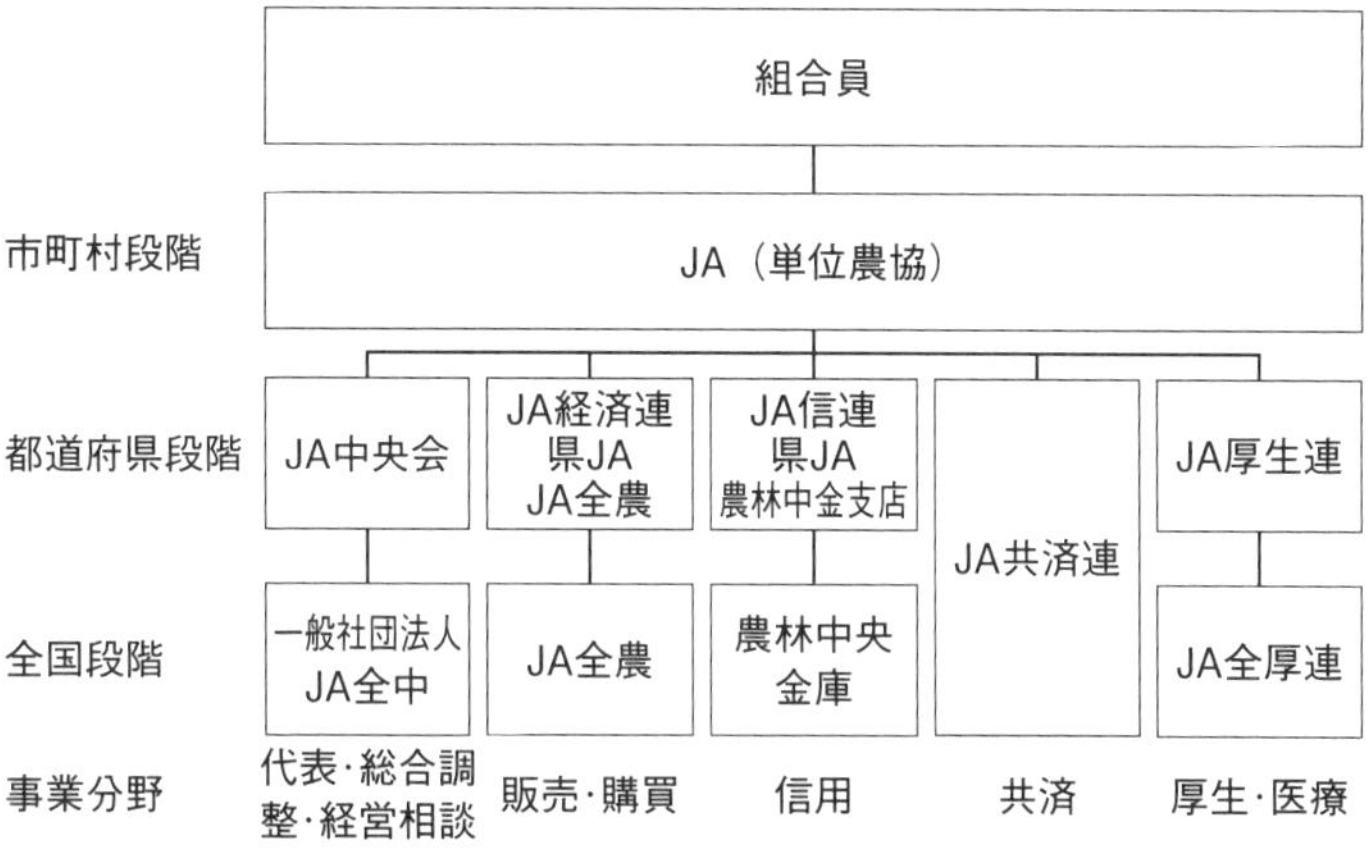

年に一〇〇〇万人を超え、今では一〇五〇万人を擁する巨大組織である。農業就業人口は減り続けているのに、農協組合員はなぜここまで増えたのだろうか。その理由は日本の農協に特有の制度である「准組合員」の存在である。

「農業」協同組合であるからには、組織の中心メンバーが農業者であることは言うまでもない。農協法は第一条に法の目的を「農業者の協同組織の発達を促進することにより、農業生産力の増進及び農業者の経済的社会的地位の向上を図り、もつて国民経済の発展に寄与すること」と定めている。農業者とは農民（自ら農業を営み、または農業に従事する個人）または農業を営む法人を指す。組合員は農協に出資をするとともに、農機具や肥料、農薬などを買い、生産したものを農協経由で販売し、農協に口座を持ち、共済にも加入するなど、農協の行ういろいろな事業を利用することができる。

一方で農協法は、農業者でなくてもその地域内に住む者やその農協の事業・施設を継続して利用している者も、出資をして組合員になれるとしている。ただし総会での議決権や役員の選挙権はない。これが准組合員である。

コンビニもATMもなかった時代、農村の住民にとっては生活用品を買い、貯金の出し入れをするのに農協はたいへん便利な存在だった。戦後間もないころから身近にある農協は、単に農業者のための存在であるだけでなく、農村地域のインフラ的機能を果たしてきたのである。

多様化した組合員

正組合員の数は、実は一九五〇年の六四五万人がピークだった。全国で農協づくりが始まってからわずか三年後である。日本が第二次世界大戦に敗れた後、深刻な食料不足で飢餓状態に陥った都会から出身地へ戻って就農する人が多かった。やがて戦後の経済的混乱が徐々に落ち着き、都会に出て他産業で働く人が増えるにつれて、ふくれあがった農業就業者が減り、従って農協の正組合員も減少した。

これに対し准組合員は増える一方で、今では一〇五〇万人のうち六割を准組合員が占めるほどになった。例えば都市近郊に住宅地が開発され、そこに引っ越して来たサラリーマンが農協の住宅ローンを利用するため准組合員になる、といったケースが典型的である。

准組合員の増加は、正組合員が減り続ける中で事業量を確保するため、農協が積極的に非農家の加入を増やす活動を展開した結果でもある。いろいろな職業を持つ准組合員が多数派となり、ひと口に農協組合員と言ってもその姿は多様化している。

少数派になった正組合員もさまざまである。年に一億円以上も売り上げる大規模農業経営者もいれば、ほとんど販売実績のないサラリーマン農家もいる。中にはすでに農業をやめて「土地持ち非農家」になった人が、名前だけの正組合員として残っていたりする。

さらに、戦後の日本農業を背負ってきた戦前・戦中生まれの世代がどんどんリタイアし、正・准を問わず組合員の世代交代も進んでいる。食料不足の時代や農協発足のころを知らない組合員が、高齢世代とは異なる農協観を持ったとしても不思議ではない。

農協発足当時の組合員は小規模な農家がほとんどで、みんなが少量ずつ生産したものを農協に集め、共同出荷することで、個々ばらばらに出荷するより有利に販売できた。生産資材や生活用品も農協でまとめて購入することによってメーカーに対抗する力を持ち、より安い価格の実現が可能になった。

しかし、年々増えてきた大規模農業経営者の関心は違う。そのような経営者はたいてい技術力も経営力も農協の営農指導員より上だし、農協を通さなくても独自の販売ルートを開拓する力を持っている。生産資材も農協任せでなく、専門業者やホームセンターなどと比較しつつ、より安いところから購入する。近年は銀行も農業分野に目を付け、優良農業者への融資機会をうかがっているから、資金繰りの面でも農協に頼る必然性はない。地域のみんなが力を合わせるという農協本来の理念を別にすれば、大規模農業経営者にとって農協は選択肢の一つにすぎなくなった。

准組合員の求めるものはまた別で、「生活用品を安く買いたい」「ローンを充実してほしい」「貯金を有利に運用してほしい」など、普通の消費者がスーパーマーケットや銀行に望むことと変わりがない。この点は非農家だけのことではなく、農業以外に会社勤めや商売をしている兼業農家にも共通している。

現代の農協はこのように組合員ごとに異なるニーズにこたえなくてはならない。「農協は誰のためにあるのか」が改めて問われることになったのである。農協はもともと農業者のための組合であると同時に農村地域のインフラ的存在でもあったが、社会と組合員の変化に伴って後者の色合いが強まった。「農協の地域組合化」と言われる現象である。

ここまで農協の構成員と事業内容の変化について見てきたが、農協はほかにも特有の顔を持っている。一つは政策要求を実現するための、いわゆる圧力団体としての顔、もう一つは行政の補完者ないし代行者、悪く言えば下請け機関としての顔である。

圧力団体としての農協は、組合員数という力を背景に、例えば国の予算編成に際し「農林族」と呼ばれる政治家集団に働きかけるなどして政府に注文を付けたり、政府が進めるTPP（環太平洋パートナーシップ）協定やEPA（経済連携協定）の交渉には批判の声をあげる。その一方で、米の生産過剰による米価の低落を食い止めるためには、政府と一体になって生産調整の旗振り役をつとめてきた。政・官と農協のこうした関係は「政府、農協、政治家のトライアングル構造(注3)」などと評される。その中で農協側の司令塔的な役割を担ってきたのがJA全中（全国農協中央会）である。

農協と行政はとりわけ米の生産、流通に関して深い結びつきを持ち続けてきた。2章1で見たように、食管法の下で農協は米の国家管理システムの重要な一部を担っていた。しかし、食糧法で米の流通が自由化されたことにより、政府と農協の関係は大きく変わった。制定当時の食糧法はあちこちに食管法時代の残滓《ざんし》を残していたものの、行政代行機関としての農協の存在感は時とともに低下した。

「決すれど行わず」

農協が戦後の混乱期以来、組合員の経営の充実と生活の向上、さらに地域社会の安定に果たしてきた役割は大きい。しかし、農業・農村が変化し、組合員も多様化する中で、組織・事業のあり方について農協内外からの批判も表面化してきた。主なものをあげてみよう。

- 収益源である信用・共済事業ばかりに熱心で、いちばん肝心の営農指導をないがしろにしている農協が多い。
- 販売事業は原則として全量委託制で、農協は販売価格に関係なく一定割合の手数料を取る。農協自体がリスクを負う買い取り販売を導入するべきだ。
- 購買事業で取り扱う農業機械や肥料、農薬などはホームセンターなど一般の業者より高いことが多い。
- 農協はどの組合員も平等に扱うが、たくさん利用する大規模経営はそれに見合って優遇してほしい。
- 経済（販売・購買）事業の赤字を信用・共済事業の収益で埋めることが常態化しているのはおかしい。経済事業も黒字化を目指すべきだ。
- 准組合員を野放図に増やすのは、農協本来の使命を逸脱している。

さまざまな批判を農協の役職員が知らなかったわけではない。時代の変化に対応した改革が必要なことは明らかだった。実際に、三年に一度開かれるJA全国大会では、すでに一九九一年の第一九回大会から、そのテーマに繰り返し「改革」あるいは「変革」という言

表3－3　ＪＡ全国大会のテーマ

回	年	テーマ
19	1991	農協・21世紀への挑戦と改革
20	1994	21世紀への農業再建とＪＡ改革
21	1997	21世紀の展望をひらく 農業の持続的発展とＪＡ改革の実現
22	2000	「農」と「共生」の世紀づくりに向けたＪＡグループの取組み
23	2003	「農」と「共生」の世紀づくりをめざして ―ＪＡ改革の断行―
24	2006	食と農を結ぶ活力あるＪＡづくり ―「農」と「共生」の世紀を実現するために―
25	2009	大転換期における新たな協同の創造 ―農業の復権、地域の再生、ＪＡ経営の変革―
26	2012	次代へつなぐ協同 ～協同組合の力で農業と地域を豊かに～
27	2015	創造的自己改革への挑戦 ～農業者の所得増大と地域の活性化に全力を尽くす～
28	2019	創造的自己改革の実践 ～組合員とともに農業・地域の未来を拓く～

（注）大会は通常３年ごとに開かれるが、28回大会は少し遅れた。

葉を盛り込んでいる**（表３-３）**。

個々の農協レベルでは、大会決議をしっかり実行して成果をあげた先進事例があちこちに見られた。しかし巨大組織である農協全体として見ると、しばしば「決すれど行わず」（農協という組織は良いことを決めるけれども実行が伴わない）と揶揄されてきた（注4）ように、改革の歩みは遅々たるものだった。

「トライアングル」の一角を構成してきた政府の姿勢が変わり始めたのは、二〇〇〇年に農水省が設けた「農協系統の事業・組織に関する検討会」からである。この検討会の目的は本来、一九九〇年代にバブル経済の崩壊から金融機関が相次いで破たんしたのを受けて、農協の信用事業についても新しい方向付けをすることにあった。しかし議論は信用事業だけにとどまらず、農協の事業全体に及んだ。報告書には「担い手のニーズに対応した営農支援」「価格引き下げのための三段階制見直し」「購入形態や購入量に応じた価格設定のルール」など、後に第二次安倍晋三内閣の下で強行される改革につながる問題点が列挙されている。

このあと〇二年には政府の総合規制改革会議が第二次答申で農協に触れ、「抜本的な見直し」を求めた。さらに〇三年には先の「検討会」を引き継ぐ形で農水省が設けた「農協のあり方についての研究会」も「担い手に十分なメリットを」「単位農協の直接販売を拡大」「全農改革は農協改革の試金石」などを内容とする報告を出した。しかし農協は動かず、政府もまたこの問題に深入りしないままに時が過ぎた。

上からの改革か自己改革か

一五年、とうとう政府が「上からの改革」に乗り出した。一二年に二度目の首相に就任した安倍晋三はアベノミクスによる経済成長と「戦後レジーム（体制）からの脱却」を掲げ、規制緩和がなかなか進まない「岩盤規制」の切り崩しに力を注いだ。農業関係では、就任から間もない一三年にTPP交渉への参加を正式表明し、一四年初めには施政方針演説で「四〇年以上続いてきた米の生産調整を見直す」と宣言した。「攻めの農林水産業」「農業の成長産業化」を掲げる安倍首相にとって、農協組織は「岩盤規制」に固執して改革を妨げる「抵抗勢力」の象徴的存在だった。

首相就任早々に設けた規制改革会議は一四年六月、農協改革を含む第二次答申を取りまとめた。答申には、①単位農協（単協）は生産資材の購入先を経済連、全農に限定せず、最も有利なところから自由に選択する、②単協の役員に企業経営の経験者を登用する、③農協中央会は単協の自由な経営を制約しない――など、農協運営の方法を大きく変える内容が盛り込まれた。答申を反映した改正農協法は一六年四月に施行された。

改正農協法は単協が担い手農業者を支援し、農業所得の増大に役立つ活動を積極的に行うよう、理事の過半数は認定農業者や「農産物の販売や経営に関して実践的な能力を有する者」にすることを定めた。認定農業者は農業経営改善計画を市町村が認定した、いわばお墨付きの優良経営者である。一方「実践的な能力を有する者」としては農業者以外の人材、例えば農産物販売会社の経営者を招いてもよいことになった。

また農協の事業は農業所得の増大に最大限の配慮をすることと、しっかり収益をあげ、組合員への事業分量配当や将来への投資に充てることを求めている。従来、農協法の精神を示す規定として第八条に「組合員及び会員のために最大の奉仕をする」ことと「営利を目的としてその事業を行つてはならない」ことがあったが、改正法（第七条）では後半の「非営利」規定は削除された。

平たく言えば「大いに稼いで組合員に還元しろ」ということになる。営利を目的としないことは協同組合の事業のよりどころとされてきただけに、組織の内外から「農協は普通の株式会社みたいにもうけ主義になるのか」と懸念する声も出た。これについて農水省は「『非営利』という規定が『もうけてはいけない』との誤解を招いている面」もあったと説明した。[注5]

農協中央会について定めた第三章は全文削除された。全国と都道府県にある農協中央会は、法律に基づいて単協の指導と監査、教育・情報提供、調査・研究、行政庁に対する建議などを行う、農協のいわば司令塔だった。それらの事業に関する経費は国から一部補助を受けるほか、単協や連合会から賦課金をとることも農協法に基づいていた。改正によりＪＡ全中は農協法というバックボーンを持つ特別な組織でなくなり、どこにでもある一般社団法人として再出発することになった。都道府県のＪＡ中央会は経済事業などと同じように連合会組織に変わる。こうした新組織への移行は二〇一九年に行われた。

一方、ＪＡ全農は規制改革会議の提言で株式会社化を求められていたが、改正法はさすがにそこまでは踏み込まず、選択により株式会社に組織変更することができることとされた。

ただし法律とは別に、政府が一六年に決めた「農業競争力強化プログラム」で改革への厳しい注文がついた。組合員の生産した農産物の販売については、卸売市場中心から実需者・消費者への直接販売中心に移行する。また現在はほとんどが農業者からの委託販売だが、これを買取販売中心に改める。肥料、農薬など農業生産資材の買い入れに当たっては共同購入のメリットを最大化するよう努めるとともに、入札などで有利に調達する。これらのいずれについても五年間の「農協改革集中推進期間」に年次計画を立てて取り組むことを求められた。

政府からの改革要求に先だって、農協側は一五年秋の第二七回JA全国大会で「創造的自己改革への挑戦」を決議した。「農業生産の拡大・農業者の所得増大」と「地域の活性化」を基本目標に掲げ、重点実施分野として①担い手経営体のニーズに応える個別対応、②マーケットインに基づく生産・販売方式への転換、③生産資材価格の引き下げと低コスト生産技術の確立・普及――など、総じて政府が示した改革方向に接近したものとなっている。

農協の進むべき方向をめぐっては、さかのぼれば一九七〇年代に、「農業者による職能組合か、地域住民も幅広く対象とする地域組合か」という論争があった。二一世紀に入って安倍政権が打ち出した改革はプロ農業者の利益を重視する意味で職能組合的と言える。これに対しJA大会の決議は、政府の方針に沿う形で従来より職能組合的要素を強めつつ、地域活性化にも配慮した二本柱の構成になっている。正組合員より多い准組合員を抱え、地域組合化の方向をたどってきた農協としては、今さら「地域」の看板を下ろしたら命取りになりかねない。その意味で、二つの基本目標による「自己改革」は当然の方向だが、それを組織全体でどう実現していくか——。

初めに「一〇五〇万人の巨大組織」と書いたが、直近の農水省調査(注6)によれば一八年度には一六年ぶりに組合員数が減少した。准組合員はなお増加しているが、日本全体の人口減少が進む中、この先も増え続けるとは考えにくい。農協は再生を賭けて「自己改革」という未知の海に漕ぎ出した。

〈注釈〉

（注1）Japan Agricultural Cooperativesの略で、一九九二年から使われている。

（注2）最初に県段階と全国段階が統合したのは共済事業で、二〇〇〇年に四七都道府県の共済農協連合会が全国共済農協連合会に一斉統合した。

（注3）大泉一貫編著『農協の未来』一三ページ。

（注4）農協内部でも、例えば松下久ＪＡとぴあ浜松組合長は農協の意思決定プロセスについて、「ＪＡは会して議せず、議して決せず、決して実行せず」という言葉を残している（柳《リュウ》在《ゼ》相《サン》『ＪＡイノベーションへの挑戦』五一頁）。

（注5）農林水産省「農協法改正について」二〇一六年一月。

（注6）農林水産省「平成三〇事業年度総合農協統計表」。

4章

「地方消滅」か「田園回帰」か

カボチャの収穫作業（福島県郡山市）

1　花盛りの農産物直売所

スーパーマーケットをしのぐ店も

直売所こげんも人がいた田舎（福岡　生野薫）

日本農業新聞の「直売所川柳」欄に掲載された一句である。さびれていると思ってやって来た田舎の直売所、何とそこには人があふれているではないか。いったいどこから――。

二〇世紀末、日本経済はバブル崩壊後の不況からいまだに脱しきれないでいた。農村ももちろん例外ではなかったが、その中で農産物の直売所だけはすこぶる元気が良かった。田園地帯の真ん中にあっても、開店前から行列ができるほどの人気店があちこちに見られるようになった。先の一句が掲載されたのは二〇一七年（注1）だが、こんな風景はすでに世紀が変わるころには珍しくなくなっていた。

農産物直売所とは農畜産物とキノコ、山菜などの林産物及び農産物の加工品、農村工芸品などを生産者自身が直売する施設のことである。ほかに「ファーマーズマーケット」「朝市」

または「夕市」「青空市」などさまざまな呼称がある。ファーマーズマーケットはどちらかと言えば規模の大きい直売所を指すことが多い。スーパーマーケットの食品売り場との違いは、大部分の販売品目がその地域でとれたものであり、他産地のものは地元でとれないものにほぼ限定していること、輸入品はまったく扱わないか、扱うとしても限定的なことである。

二〇〇〇年一二月、名古屋市の南に隣接する愛知県大府市《おおぶし》に「ＪＡあぐりタウンげんきの郷」がオープンした。知多半島一円をエリアとするＪＡあいち知多が「都市農村交流複合拠点施設」と銘打って建設したものである。五・五ヘクタールの敷地に、売り場面積七五〇平方メートルのファーマーズマーケット「はなまる市」を核として、レストラン、農産物加工施設、さらには温泉まで備えた巨大施設で、「食と農のテーマパーク」と呼ばれた。

その一か月前には和歌山県北部の打田町《うちたちょう》（現・紀の川市）にＪＡ紀の里がファーマーズマーケット「めっけもん広場」をオープンした。売り場面積八九〇平方メートルは「はなまる市」をしのぐ規模である。

二つのファーマーズマーケットはどちらもオープン早々から年間販売額が一〇億円を超え、大きくても数億円だったそれまでの直売所のレベルを一挙に超えた。当時の食料品スーパーマーケットの平均的な販売額八億九五〇〇万円[注2]を大幅に上回る規模である。これによって農産物直売所は大型化の時代を迎えた。

直売所の数についての全国調査は一九九七年に埼玉県が行ったものが最も古く、有人直売所、無人直売所、朝市・夕市を合わせて七四六五（回答のなかった三道県を除く）と報告されている。国による全国調査では二〇〇五年農林業センサスの一万三五〇〇から一八年度の六次産業化総合調査では二万三九〇〇に増加した。調査方法に違いがあるため厳密な比較はできないものの、急成長の傾向ははっきり見て取れる。

運営主体は農家（個人・法人）、生産者グループ、地方公共団体、農協、会社とさまざまである。年間販売金額は二〇一六年度に総額一兆円を超え、一八年度は一兆八〇〇〇億円となっている**（表４-１）**。一か所平均の販売金額は四五〇〇万円だが、規模の差はきわめて大きく、三・七％は年間三億円以上の売り上げがある。[注3]

の推移

2015年	2016年	2017年	2018年
23,590	23,440	23,940	23,870
9,974	10,324	10,790	10,789
4,229	4,405	4,507	4,520
3.1	3.2	3.8	3.7

八〇年代後半から急増

農産物直売所の歴史は古く、さかのぼれば古代の「市」にまでたどりつく。例えば全国的に知られる「輪島の朝市」(石川県)は、平安時代から一〇〇〇年以上も続いているとされている。[注4] 輪島以外にも伝統ある朝市や夕市は各地に残っており、岐阜県高山市の

表4－1 農産物直売所の数と販売金額

	2011年	2012年	2013年	2014年
直売所総数	22,980	23,560	23,710	23,710
年間販売総額（億円）	7,927	8,448	9,026	9,356
１事業体当たり年間販売金額（万円）	3,450	3,587	3,807	3,946
年間販売金額３億円以上の事業体数割合（%）	1.9	2.6	2.5	2.9

（資料）農林水産省「六次産業化総合調査」

朝市、高知市の日曜市など観光名所になっているところも少なくない。

このように古くから日本の農業と食生活に関わりの深い直売所も、高度経済成長期には影が薄かった。人口の大都市集中が進む一方、卸売市場の整備や高速道路の発達によって農産物の広域・大量流通システムが確立される中、農家自身による直売は時代遅れとみなされるようになった。質の良い農産物は農協ごとにまとめ、需要の多い東京や大阪へ送ってカネにするものだった。その土地でとれたものが地元で手に入りにくくなり、大都市の卸売市場から逆ルートで「転送」されて地元の店頭に並ぶ。そんなことすら珍しくなかった時代である。

一九七〇年代になって、ＪＡあいち三河「憩の農園」（七六年開設）など今日まで名前の残る直売所がいくつか登場するが、目覚ましく増加したのは八〇年代後半、とりわけ九〇年代に入ってからである。大分県・ＪＡ大分大山町の「木の花ガルテン」（九〇年）、茨城県・（株）みずほの「みずほの村市場」（同年）、群馬県

・JA甘楽《かんら》富岡の「食彩館」（九六年）、愛媛県内子町の第三セクター「内子フレッシュパークからり」（九七年）、岩手県・JAいわて花巻の「母ちゃんハウスだぁすこ」（同年）[注5]などの有名直売所が次々に開設された。

その中の一つ、愛知県豊川市・JAひまわりの「百円市」（現在の「グリーンセンター・産直ひろば」）はこんな具合に始まった。

八〇年代初め、高度成長の中で勤めに出る農家女性が増え、農協婦人部（現在は女性部）は名前だけでほとんど活動できなくなった時期があった。誰もが参加できる婦人部らしい活動は、と話し合いを続けていた時、一人の部員がふと洩らしたひと言がみんなを動かした。

「苗が余ると捨てている。誰かが使ってくれるといいのに。農協の店先にでも置かせてもらえないだろうか。」

余ると言えば苗だけでなく、自家用に栽培して食べきれない野菜もある。規格はずれで農協に出荷できないものも食べてほしい。地元でとれたものなら安心して食べてもらえるのでは――。こうして八六年一〇月、五〇人の部員が農協敷地内の小さな店で野菜の百円市を始めた。

東三河で初の試みは部員たちの予想を超える人気を集めた。初年度の売り上げは四〇〇〇万円に達し、農協は翌年、別の場所に二番目の店を開設した。八九年には百円市のほかに鉢花コーナーやファストフード店もある「グリーンセンター」が完成、九一年にはさらに増築するほどになった。はるばる名古屋市や岡崎市からやってくるファンもいて、増築後の売り上げは百円市だけで三億円に迫るほどの急成長を見せた。

このように女性たちの活動から直売所が誕生するのは珍しくないどころか、先にあげた「母ちゃんハウスだぁすこ」など、むしろ当時の直売所の主流だった。女性たちは直売所に参加したことで、農協に初めて自分の口座を持つことができた。それまで農家ではたいてい、夫婦で働いても農協の口座は夫名義のものだけだったのである。また売り場に立つことで買い手とじかに話す機会が生まれ、消費者が何を求めているかを知る機会ができた。こうして直売所は農家女性の自立の大きな足がかりとなった。

直売所では高齢者も主役になることができた。トラクターを自在に乗り回せなくなった高齢者が畑の隅で自家用に栽培した珍しい野菜や、代々受け継いできた手作りの漬け物、菓子など、一般の流通経路に乗らないものも直売所には出せる。言わば農家からのおすそ分けである。そのうち常連客から「あのおばあちゃんの漬け物がまた食べたい」などと指名がかかったりして出荷者はますます張り切り、生きがいを感じる。直売所ができてにわかに忙しくなった高齢者はたくさんいる。「直売所川柳」欄からもう一句。[注6]

老い二人　夜ごとの話題　直売所（宮城　千田千代寿）

直売所はなぜ盛んになったか

長い歴史を持つ直売所だが、八〇年代後半から急増したのはなぜだろうか。

第一に、そのころ日本農業は内憂外患の状況に置かれていた。六〇年代からの高度経済成長で働き盛りの男たちは農業より収入の良い他産業に就職し、農業の現場ではかあちゃん、じいちゃん、ばあちゃんの「三ちゃん農業」が広がった。さらに進んで主婦までがパートに出てしまい、農業はじいちゃん、ばあちゃん任せという農家さえ広範に見られるようになった。女性の社会進出という点では喜ばしいことも、地域農業のためにはゆゆしき問題である。

それに追い打ちをかけたのが貿易自由化の進展と農産物支持価格の引き下げである。最大の転機は一九八六年に始まったウルグアイ・ラウンドだった。日本農業の心臓部とも言うべき米の市場開放が焦点となったこの交渉には、農協を中心に反対運動が繰り広げられたものの、最終的には九三年の交渉合意で米も部分的に開放することになり、日本農業の前途に対する危機感が一挙に強まった。

一方、国内では農産物価格政策の転換があった。農産物は敗戦後の食料不足の時期から各種の価格安定制度によって保護され、豊作などで価格が大幅に下がった場合は政府が一定の水準で買い入れるなどして下支えしてきた。しかし貿易自由化の進展で海外から安い農産物や加工食品の輸入が増えるにつれて、財界を中心に「高い国産農産物」への批判が強まった。八六年には米の政府買入価格（生産者米価）が三年連続で据え置きと決まった。定められた計算方法だとこの年には引き下げになるところ、農協の突き上げで自民党が強引に据え置きにしたのだった。これをきっかけに、財界だけでなくジャーナリズムも巻き込んで「農業たたき（バッシング）」の嵐が巻き起こった。

閉塞感が広がる中で、日本農業はどこかに突破口を見つける必要に迫られていた。その手掛かりとして、地域でとれた農産物を地域で売るという直売所がクローズアップされた。

第二に、卸売市場を中心とする既存の農産物流通システムに対しては、かねがね農家の間に「小売価格に比べ我々の手取りは少なすぎる」という不満があった。流通の過程で吸い取られる費用が高すぎるというのである。

従来、農産物の販売ルートと言えば、農協が組合員の生産した農産物をまとめて大都市や地元の卸売市場へ出荷する「共同販売」（農協共販）が大部分だった。この方式は生産者が力を合わせて有利に販売するという点では大きな成果をあげてきた。しかし卸売市場経由の流通だと、農協→卸売市場→仲卸→小売という段階を通る間の流通経費が小売価格の四～五割も占めることが多かった。

卸売市場では主にセリで価格が決まるので、生産コストをまかなって利益の出る価格が付くかどうかはふたを開けてみないと分からない。天候に恵まれると出回り量が多いため価格は低落し、「豊作貧乏」と呼ばれる現象も起きる。丹精込めて作ったものを収穫しないまま畑で廃棄することさえあった。それ以前に、曲がったキュウリのような規格はずれのものや、量的にまとまらないものは卸売市場には出荷できない。さらに、自慢の農産物を出荷してもどこの小売店に並ぶか分からないから、消費者が喜んでくれたかどうか、自分の目で確かめるすべもない。

直売所が農家に歓迎された理由は、以上のような卸売市場流通の問題点の反対を考えれば理解しやすい。

直売所では通常、農家が自分で品物を搬入し、売り場に並べる。値段も自分で付ける。多くの場合、売れ残れば自分で持ち帰る決まりになっている。直売所は何ごとも自己責任型なのである。

また直売所では品物が生産者からじかに消費者の手に渡るから、流通経費が抑えられ、その分だけ安く売ることも可能である。規格外の品や量がまとまらないものも直売所には並べられる。生産者が店頭に立てば消費者の声が聞こえ、交流の場にもなる。

消費者の側からすれば、直売所は流通経路が短い分、新鮮なものが安く買えるという期待を持てる。商品にはすべて生産者の名前が入っており、安心して食べることができる。新鮮、安価、安心の三拍子そろった品物が手に入るのが直売所である。商品に生産者名を表示する販売方法は、やがてスーパーマーケットでも広く取り入れられるようになった。

「道の駅」も追い風に

直売所への追い風も吹き始めていた。その一つは幹線道路のあちこちに設けられた「道の駅」である。九三年に初めて一〇三か所に設置された道の駅は三つの機能を備えている。道路利用者のための「休息機能」、道路利用者や地域住民のための「情報発信機能」と文化教養施設、観光レクリエーション施設などにより活力ある地域づくりをするための「地域の連携機能」である。(注7) 単なる「トイレ休憩所」にしないためにさまざまな施設が用意されている中で、地元農産物の直売所は最も親しまれているコーナーになっている。

その一つ、愛媛県で人気の観光地・内子町にある「内子フレッシュパークからり」は、農産物直売所のほかにレストラン、パン工房、町内産の豚肉を原料とするハム・ソーセージ工場などを備えた道の駅である。管理・運営に当たる同名の株式会社は町と農協、森林組合、商工会のほか町民一七四人も一株(五万円)ずつ出資してスタートした。町民参加型の第三セクターである。

内子町の農地は町の面積のわずか一五%しかなく、しかも標高一五〇メートルから四〇〇メートルの山間に散在している。かつて農業の主力だった養蚕や葉たばこが廃れた後、果樹や野菜、花などへの転換が進められたが、山間の集落では過疎と高齢化の進行で耕作放棄地が増え、イノシシやタヌキの被害が広がるようになった。

町は一九八五年以来、町民全体で農業を考える場として「内子町知的農村塾」を開いてきた。そこでの学びの中から直売所を作ろうという機運が高まり、「からり」の開設につながった。直売所で売っている食材を使うレストランも眺望の良さで評判をとった。開設から五年後には直売所の販売額が町の農業総産出額の一四%を占め、花やナシ、モモの売り上げは農協出荷額を上回るほどになった。

二〇世紀末から二〇〇〇年代にかけて、全国的な直売所の増加に大きな力を発揮したのは農協だった。三年に一度開かれるJA全国大会では地産地消の拠点として、一九九七年と二〇〇〇年の二回続けて「ファーマーズマーケットの推進」を決議した。地産地消とは「その地域で生産されたものをその地域で消費する」といった意味で、本来は農村地域の食生活向上と農業振興を目的として八〇年代から使われてきた言葉である。近年は「エネルギーの地産地消」というように広い分野で使われるようになっている。直売所は地産地消の拠点として機能した。3章4で見たように、第二次安倍晋三内閣の下で厳しい改革を求められる農協だが、直売所に関しては組合員からも消費者からも強い支持を得た。

地場産品であることを明示し、生産者名も表示することがスーパーの販売方法にも影響を与えるほどに力を付けた直売所だが、二〇一〇年ごろになると大型直売所でも売り上げが伸び悩んだり、前年割れを起こす店が出て来た。出荷者の高齢化で品物が十分に確保できなくなるなど原因はいろいろだが、その一つは出荷者同士の安売り競争だった。「直売所デフレ」という言葉がささやかれるようになったのもそのころからである。

直売所は新鮮、安価、安心が売りものだったが、その中で「安価」に走りすぎる傾向が広がった。直売所への出荷者の中には勤めのかたわら休日だけ農業をする兼業農家や、経営を後継者に譲った高齢者が少なくない。直売所に生活を懸けているわけではないから、「売れ残って引き取りに来るくらいなら安くても売り切ってしまおう」という誘惑に駆られる。多くの出荷者が同じ思いになったら、安売り競争になるのは当然である。

そうなって困るのは農業一本で生計を立てている農業者であり、ついには直売所への出荷をやめたりもする。安売りしない直売所として知られる（株）みずほの村市場（茨城県）の創業者・長谷川久夫は二〇一二年の著書でそんな状況を危惧し、「現在ある直売所のうち、この先も存続する店は10％もないだろう[注8]」と警告した。

都市農山漁村交流活性化機構が一七年に、全国の常設・通年営業を行う直売所一一五〇店について調査した結果[注9]では、組織運営の課題として「出荷者の高齢化」をあげたところが八九％に達したほか、「出荷量・出荷頻度の減少」五七％、「出荷者数の減少」四九％と、日本農業の現状を反映した結果が出た。経営上の課題でも「収益の減少」五一％、「客数の減少」四六％がそれぞれ一、二位を占めた。

先にあげた直売所の表で年間販売総額の推移をよく見ると、一八年度には調査開始以来初めて前年度比微減となっている。eコマース（電子商取引）の急成長など流通業界の激動もあり、追い風に乗ってきた直売所も難しい時を迎えている。

〈注釈〉

（注1）九月二五日掲載。

（注2）経済産業省「一九九九年商業統計」による。なお二〇〇〇年には同調査がなかった。

（注3）農林水産省「六次産業化総合調査」による。

（注4）輪島市朝市組合オフィシャルサイトによる。

（注5）「だぁすこ」とは、宮沢賢治の詩「種山ヶ原」の一節に出てくる鬼剣舞《おにけんばい》の太鼓の音「ダー、ダー、ダースコ、ダー、ダー」からとったもの。

（注6）『日本農業新聞』二〇一九年七月一四日。

（注7）全国道の駅連絡会公式ホームページによる。

（注8）長谷川久夫『このままでは直売所が農業をつぶす』七ページ。

（注9）「農林水産物直売所・実態調査報告」二〇一八年。

2　六次産業化する農業経営

1×2×3の発見

一九九二年のある日、東京大学教授の今村奈良臣は大分県大山町（現・日田市大山町）で「木の花ガルテン」の現地調査をしていた。大山町農協（現・JA大分大山町）が九〇年七月、国道沿いに開設したアンテナショップで、農産物直売所にレストランを併設し、山に囲まれた町にもかかわらずオープン早々から評判になった店である。

大山町農協の名は六〇年代に「梅栗植えてハワイへ行こう！」というキャッチフレーズを掲げて「NPC運動」を展開したことで知られていた。NPCとはNew Plum and Chestnutsを略したもので、平坦な農地の少ない山間の農村でも果樹を栽培することで所得をあげようという農業改革運動だった。

当時、農家にとってハワイ旅行は夢のようなことだった。この運動で大きな成果をあげ、町民の誰もがパスポートを持てるようになってからも、豊かな人づくり運動、住みよい環境づくり運動を次々に進めてきた農協が、新しい販売チャネルづくりを目指して開設したのが「木の花ガルテン」である。

今村は約一週間、地元農家に泊めてもらい、店の様子はもちろん、直売所に農産物や加工品を出荷している農家、買い物や食事に来る消費者の行動ぶりなどをつぶさに調査した。それをきっかけに、今村の頭の中で「これからの農業は一次産業＋二次産業＋三次産業、すなわち六次産業にならなくてはならない」という仮説がふくらんでいった。

1＋2＋3＝6の意味を、今村は次のように解説している。

「近年の農業は、農業生産、食料の原料生産のみを担当するようにされてきていて、第2次産業的分野である農産物加工や食品加工は、食料品製造関係の企業などに取り込まれ、さらに第3次産業的分野である農産物の流通や販売、あるいは農業、農村にかかわる情報やサービス、観光なども、そのほとんどが卸・小売業や情報・サービス業、観光業などに取り込まれてきた。このように外部に取り込まれていた分野を農業・農村の分野に主体的に取り戻し、農家の所得を増やし、農村に就業の場を増やそうではないかというのが『農業の6次産業化』である。(注1)」

しかし今村はほどなく1＋2＋3＝6を改め、一次産業×二次産業×三次産業＝六次産業とするようになる。足し算と掛け算の違いはどこにあるのだろうか。

１＋２＋３では、もしもこの国から農業がなくなったとしても、０＋２＋３＝５でそれなりに定式は成立する。しかし１×２×３だと、農業が０になれば全体が０となり、六次産業化構想そのものが消滅することになる。あくまで農業が持続できることを前提にしての六次産業化理論なのだから、確かに足し算ではうまくない。

「六次産業」という言葉自体は、九〇年に国土審議会の意見書で山村振興の方向として使われるなど、(注２)それまでにも例がなかったわけではない。しかし、この言葉を具体的な姿として定式化したのは今村であり、また農業の現場で実践したトップランナーは後述する坂本多旦《かずあき》だった。

では農業が主役となって切り開く二次、三次産業分野としてどんな業態が考えられるか。農水省が二〇一〇年度から続けている「六次産業化総合調査」では、二次産業である農産物の加工と、三次産業に属する農産物直売所、観光農園、農家民宿、農家レストランを「農業生産関連事業」として調査対象にしている。六次産業化を進める主体としては個々の農家のほか農業生産者のグループ、農業法人、農業経営に乗り出している企業、農協などがある。いずれにしてもまず一次産業としての農業があり、それをベースに二次、三次産業分野へ乗り出すという流れになる。

農業の取り分は右肩下がり

農家が生産した農産物を自ら使って農業生産以外の仕事をするのは今に始まったことではない。4章1で直売所の先駆けとして朝市・夕市をあげたが、農家はそこで農産物だけでなく、それを加工品にして売ることもあった。自家産の材料で漬け物、味噌、切り干し大根やまんじゅうのたぐいを手作りしたり、米の副産物である稲わらを材料として縄やむしろ、米俵などに加工していたのがその例である。

しかし、二次、三次産業が高度化するにつれて、農家が手仕事で行う加工などは生産性の低さから取り残され、農業は次第に食品工業、外食産業、食品流通業から成る食品産業に原材料や商材を供給するだけの下請け的色彩を強めた。食の外部化が進み、消費者の間で加工・調理食品や外食の利用が増えたこともその有力な原因である。

今村が先の引用で「外部に取り込まれていた分野を農業・農村の分野に主体的に取り戻し」と述べていたことを思い出したい。**表4-2**は農水省が産業連関表を基に計算したもの（注3）で、消費者が飲食に支払ったお金がどの産業部門にどれだけ落ちたか、部門ごとの比率はどうだったか、を示している。

表のうち最も新しい二〇一五年の欄を見ると、最終消費額の合計八三・八兆円のうち農林

表４－２　最終消費から見た飲食費の部門別帰属額

		1980年	1995年	2015年
帰属額（兆円）	合　計	49.2	82.5	83.8
	農林漁業	13.5	12.8	11.3
	うち国内生産	12.3	11.7	9.7
	輸入食用農林水産物	1.2	1.1	1.6
	食品製造業	13.6	25.0	27.0
	食品関連流通業	13.4	27.6	29.5
	外食産業	8.7	17.1	16.1
構成比（％）	農林漁業	27.5	15.5	13.4
	うち国内生産	25.0	14.1	11.5
	輸入食用農林水産物	2.5	1.4	1.9
	食品製造業	27.6	30.3	32.2
	食品関連流通業	27.2	33.5	35.2
	外食産業	17.8	20.7	19.2

（資料）農林水産省「平成27年（2015年）農林漁業及び関連産業を中心とした産業連関表（飲食費のフローを含む）」2020年２月。

漁業（国内生産）に帰属したのは九・七兆円、一一・五％だった。この表では略したが、農林漁業（国内生産）が金額で最高だったのは一九九〇年の一三・二兆円である。構成比では八〇年の二五・〇％以降、右肩下がりが続き、〇五年の一二・〇％からはほぼ横ばいとなっている。一方で農林水産業以外の三部門の帰属額は大きく伸びた。

現状を分かりやすく言えば、消費者が飲食に一〇〇円を支払ったとすると、国内の農林漁業に入るのはそのうち一二円弱ということである。4章1でも触れたように、農家の手取りがいかにも少ないという気持ちはたいていの農家が持っている。今村は二次、三次産業の隆盛ぶりを見ながら、農業・農村を豊かにするために、「外部に取り込まれていた分野を農業・農村の分野に主体的に取り戻し」と農業に奮起を求めたのだった。

現場での先進的な動き

今村が六次産業化の理論を本格的に発信し始めたころ、農業の現場ではすでに先進的な動きが全国に広がっていた。二一世紀村づくり塾（現・都市農山漁村交流活性化機構）が九八年に地域リーダー育成のために作った研修テキストには、「農業の6次産業化に取り組む全国の事業体一覧」として、伊賀の里モクモク手づくりファーム（三重県）、船方総合農場（船方農場グループ、山口県）、秋田ニューバイオファーム（秋田県）、米沢郷牧場（山形県）、埼玉種畜牧場（埼玉県）など四七もの事例が紹介されている。(注4) それらのうち、今村の六次産業化論が初めて活字になった九七年のテキストで彼が「6次産業化の先輩格」(注5)と呼んだ船方農場グループの姿を描いてみよう。

船方農場グループは乳牛、肉牛、稲作、野菜、果樹、花など農業生産部門を受け持つ（有）船方総合農場、乳製品、肉製品などの加工・販売を行う（株）みるくたうん、消費者との交流、体験学習、農場でのバーベキュー、宅配・ギフトなどを担当する(株)グリーンヒル・ATO《アトー》と、これら三社を統括する企画調整部門の「みどりの風協同組合」で構成される。六九年に地域の青年四人とともに船方総合農場を立ち上げた坂本多旦が、みどりの風協同組合の理事長として采配をふるっていた。

坂本は農業経営法人化の先駆者の一人であり、九六年に設立された全国農業法人協会(現・日本農業法人協会)の初代会長をつとめた。早くから農業の六次産業化に強い関心を持ち、九七年には新聞に「第6次産業の創造」という一文を寄稿したこともある。(注6)

彼は地域の消費者と子どもたちに農場を無料開放した。牛が放牧されている草地を遊びの場として提供し、農業のありのままの姿を見てもらおうというのである。しかし、来場者が増えれば農場内の案内が必要になり、車の置き場をめぐっていざこざが起きたりもする。せっかく来たら乳搾りの体験もしたいし、バーベキューも楽しみたい。そんな様子を見た町の人たちが資金を出し合って来場者の世話をする会社を作った。それが八七年設立のグリーンヒル・ATOである。ATOは農場の所在地・山口県阿東町《あとうちょう》(現・山口市阿東)から名づけられた。船方農場グループの六次産業化は三次産業への進出から始まったのである。

交流が続いて三年後のある日、子どもたちと一緒にバスでやって来た五〇人ぐらいの母親が、手に手に一・八リットルの酒びんを下げている。いつもタダで遊ばせてもらうから、今日はせめて牛乳を買って帰ろうということになったという。しかし牛乳の加工・販売には食品衛生法の決まりで保健所の許可がいる。ではどうしたか。以下は坂本の回顧談から――。

「そう返事をしたら、じゃあ加工場をつくれというのです。そんなことといわれても我々にはカネがない。ところが、グリーンヒル・ＡＴＯの経験を知っていた人が、消費者と一緒に会社をつくるというアイデアを出してくれました。そうしたら、若いお母さんたちが出資者になるといいだした。『本当に協力してくれますか』といったら、二〇〇人ぐらいの名簿をそろえてくれたのです。（中略）それなら、つくる人と食べる人が一緒になって加工会社を設立しましょうということで、株主を募集したのです。(注7)」

こうして九〇年に主として二次産業部門を受け持つみるくたうんが生まれた。株主は個人に限定、一口五万円で議決権を与えるが、財テク型の投資を排除するため一人一〇口五〇万円までと上限を設けた。この条件で出資を呼びかけたところ、あっという間に目標の一億円に達した――。

法律にもなった六次産業化

今村が青年農業者を対象に各地で開いていた「農業塾」や「村づくり塾」でも、六次産業化論に対する反応は上々だった。主要ジャーナリズムでは朝日新聞がいち早く九六年に「第六次産業」(注8)を取り上げている。しかし、今村のこの理論、と言うより運動論が、政策対象として定着するにはなお時間がかかった。

ようやく平成一六（二〇〇四）年度の食料・農業・農村白書が六次産業化に触れ、地域ぐるみで六次産業化を進める事例として広島県世羅町など三町の三二団体で構成する「世羅高原6次産業ネットワーク」を紹介した。国の政策として具体化されたのはさらに遅れて〇九年の政権交代後になる。同年八月の総選挙に勝利して自民党から政権を奪った民主党は、農業者戸別所得補償制度などと並ぶ農政の柱として六次産業化を掲げ、促進のための法案を国会に提出した。その後、地産地消の推進を盛り込んだ自民党の法案との調整・一本化が行われ、一〇年一一月に六次産業化・地産地消法（地域資源を活用した農林漁業者等による新事業の創出等及び地域の農林水産物の利用促進に関する法律）が成立、六次産業化関連部分は翌年三月に施行された。前文で六次産業化は次のように説明されている。

「一次産業としての農林漁業と、二次産業としての製造業、三次産業としての小売業等の事業との総合的かつ一体的な推進を図り、地域資源を活用した新たな付加価値を生み出す六次産業化の取組」

この法律に基づき、農林漁業者が地域資源を活用して新事業を始める「総合化事業計画」が国の認定を受ければ、各種の低利資金が借りやすくなる。また国と都道府県の「六次産業化プランナー」が新商品の販路開拓などについて助言をする。一三年には国と民間企業の出資による官民ファンド（株）農林漁業成長産業化支援機構（A―FIVE）が設立され、六次産業化推進のための出資による支援も始まった。六次産業化はついに農政の本流に位置付けられたのである。

なお六次産業化とやや似た性格の法律として、それより前の〇八年に経済産業省主導で農商工等連携促進法（中小企業者と農林漁業者との連携による事業活動の促進に関する法律）が制定されている。中小企業者と農林漁業者が連携して行う新商品・新サービスの開発や販路開拓を支援するものである。

一九年度までの累計で六次産業化のための「総合化事業計画」は二五六五件、一方の「農商工等連携計画」も八一一件が認可された。六次産業化総合調査による「農業生産関連事業」の年間販売金額は一六年度に二兆円を超え、一八年度には二兆一〇〇〇億円となっている。**表4-3**は五年前との比較[注9]で、この間の伸び率は一六％、両年度とも五割前後が農産物直売所の売り上げである。

六次産業化総合調査では農業生産以外に二次、三次産業部門のいずれかを行っている事業体を部門ごとにそれぞれ一事業体と集計している。従って集計対象の中には例えば農業生産以外は加工だけ、あるいは直売所だけのところもあれば、加工やレストランにも手を広げるなど、さまざまなケースが含まれる。一八年度の実績で見ると、これら延べ六万二〇〇〇事業体のうち年間販売金額一億円以上のところが六・九％あった。

表4－3　六次産業化年間販売金額

（単位：億円、カッコ内は構成比％）

	2013年度	2018年度
農産加工	8,407（46.3）	9,404（44.7）
農産物直売所	9,026（49.7）	10,789（51.3）
観光農園	378（2.1）	403（1.9）
農家民宿	54（0.3）	60（0.3）
農家レストラン	310（1.7）	384（1.8）
農業生産関連事業計	18,175（100）	21,040（100）

（資料）農水省「六次産業化総合調査」

時代の波に乗った六次産業化だが、「餅は餅屋」という言葉もある。甘い気持ちで二次、三次産業の分野に乗り出せばやけどをする恐れも十分にある。生産した農産物をそのまま直売所で売ったり、まんじゅうや切り餅、漬け物程度の簡単な加工をするのは誰にもできるが、高度な加工やレストラン・宿泊施設の経営となると、さまざまな技術、ノウハウが欠かせない。モノは作れても販路が見つからない、というケースも少なくない。今村は早くから、農業振興のための六次産業化だったはずが、いつの間にか二次、三次産業の傘の下に取り込まれ、農業は原料を供給するだけ、という結果になることを警戒していた(注10)。

鳴り物入りでスタートした官民ファンドA―FIV

Eも、投資先の不振で累積損失がふくらんだため、二〇年度末で新規投資を打ち切り、債権回収後は解散という事態に追い込まれた。六次産業化は打ち出の小槌ではなかった。

〈注釈〉

（注1）今村奈良臣『私の地方創生論』二六ページ。

（注2）『毎日新聞』一九九〇年九月二九日。

（注3）この計算は一九八〇年以降、産業連関表の作成年に合わせて一九八五、九〇、九五、二〇〇〇、〇五、一一、一五の各年に行われている。

（注4）二一世紀村づくり塾『地域に活力を生む、農業の6次産業化』一〇八～一一一ページ。

（注5）二一世紀村づくり塾『農業の第6次産業化をめざす人づくり』一〇ページ。

（注6）『朝日新聞』山口県版、八月二四日。

（注7）岸康彦編『農に人あり志あり』二九七ページ。

（注8）一二月一一日夕刊「窓・論説委員室から」。今村も当初は「第六次産業化」という言葉を使っていた。

（注9）これ以前は東日本大震災のため一部の県が調査対象外となるなど、データが完全には連続しない。

（注10）前掲『私の地方創生論』三二ページ。

3 「増田レポート」の衝撃

五二三市町村が消える?

ここまで、二〇世紀終盤から二一世紀初頭にかけて地方で広がった目覚ましい動きを見て来たが、それに冷水を浴びせるかのように登場したのが「増田レポート」だった。「壊死する地方都市」「戦慄のシミュレーション」「危ない県はここだ」「過疎から消滅へ」――『中央公論』誌二〇一三年一二月号の表紙にはこんなどぎつい言葉が踊っていた。「戦慄のシミュレーション」とは、巻頭に掲げられた「2040年、地方消滅。『極点社会』が到来する」という記事を指す。本文の書き出しは次のようなものだった。

「地方が消滅する時代がやってくる。人口減少の大波は、まず地方の小規模自治体を襲い、その後、地方全体に急速に広がり、最後は凄まじい勢いで都市部をも飲み込んでいく。このままいけば三〇年後には、人口の『再生産力』(中略)が急激に減少し、いずれ消滅が避けられないような地域が続出する怖れがある。」

筆者は増田寛也《ひろや》と「人口減少問題研究会」である。「戦慄のシミュレーション」とは、このグループが全国の市区町村（注1）を対象に行った人口予測を指す。増田は元岩手県知事・総務大臣として、特に地方行政関係者の間では知名度がきわめて高いだけに、この記事の呼び起こした反響は大きかった。

増田らは引き続き一四年五月、今度は「日本創成会議・人口減少問題検討分科会」の名で「ストップ少子化・地方元気戦略」を発表するとともに、『中央公論』誌六月号にもシミュレーションの第二弾として「消滅する市町村523全リスト」を掲載、さらに八月には増田の編著でずばり『地方消滅』という本も出した。（注2）一連のレポートや著作はまとめて「増田レポート」と呼ばれる。

シミュレーション結果のさわりの部分を要約すれば以下のようなことになる。

第二次大戦後、日本では一貫して地方から大都市圏への人口流出が続いてきた。流出の中心は若年層、つまり将来子どもを持つ可能性が大きい層である。これにより地方は単に人口減少を招いただけでなく、「人口再生産力」そのものを大都市圏に流出させてきたことになる。今後も人口流出が収束しないと仮定すると、二〇一〇～四〇年に出産可能な若い女性（二〇～三九歳）の数が五割以下に減ってしまう「消滅可能性都市」が八九六市区町村、全体の四九・八％に達する。減少率が最も高いのは群馬県南牧村《なんもくむら》で、実に八九・九％だった。

ブロックごとに見ると、北海道・東北では八〇％程度、山陰でも七五％が「消滅可能性都市」となっている。中でも青森、岩手、秋田、山形、島根の五県ではこうした市町村が八割以上を占める。八九六市区町村のうち二〇四〇年時点の人口が一万人を切る五二三市町村を増田らは「このままでは消滅する可能性が高い」と名指しした。

こうした将来予測に対し、一刻も早く国家戦略を確立しなくてはならない、と増田らは警告する。それが「ストップ少子化・地方元気戦略」である。

「戦略」のポイントは、地方を元気にするには東京一極集中に歯止めをかける一方で、「選択と集中」の考え方の下に「若者に魅力のある地域拠点都市」に投資と施策を集中的に投入し、「新たな集積構造」を構築する必要がある、という提案である。「地域拠点都市」とは福岡、仙台などブロックの中心となる都市を指している。

「まち・ひと・しごと創生」政策

「増田レポート」に対し政府の反応は速かった。「ストップ少子化・地方元気戦略」の発表を待ちかねたように六月に閣議決定した「経済財政運営と改革の基本方針（骨太の方針）」には、人口減少に対する強い危機感が反映していた。九月には人口減少の克服と地方創生の司令塔として「まち・ひと・しごと創生本部」を設置、安倍晋三首相自らが本部長となった。

一一月の「まち・ひと・しごと創生法」公布・施行を受けて、一二月には「まち・ひと・しごと創生長期ビジョン」及び二〇一五年度から五か年の「まち・ひと・しごと創生総合戦略」を閣議決定するというスピードぶりだった。そこには「増田レポート」の内容が色濃く反映していた。「増田レポート」は安倍内閣の地方創生政策の先触れ的役割を果たしたのである。

「長期ビジョン」では人口問題に対する基本認識として、①日本の人口は二〇〇八年を境に減少局面に入り、今後、加速度的に進む、②人口減少は地方から始まり、都市部へ広がって行く、③今後も東京圏への人口流入が続く可能性が大きい——と分析したうえで、これに対応するには東京一極集中を是正し、若い世代の就労・結婚・子育ての希望を実現することを基本的視点とする必要があるとした。それを踏まえて「総合戦略」は今後の施策の方向を示す基本目標として以下の四点を掲げ、各自治体でも「地方版総合戦略」を策定することとした。

①地方における安定した雇用を創出する。
②地方への新しいひとの流れをつくる。
③若い世代の結婚・出産・子育ての希望をかなえる。
④時代に合った地域をつくり、安心な暮らしを守るとともに、地域と地域を連携する。

振り返れば、地方から大都市圏への人口流出には長い歴史がある。敗戦後しばらくの間は、食料も仕事も乏しかった大都市を逃れて生まれ故郷などの農村へ流出した人が多かったが、復興が進むにつれて流出の方向は反転した。以後、景気変動などによる波はあっても、大都市圏とりわけ東京圏への流出は続いている。

「増田レポート」では、戦後三度にわたって地方から大都市圏へ大量の人口移動があったと指摘している。すなわち一九六〇～七〇年代の高度経済成長期、八〇～九三年のバブル経済期、そして二〇〇〇年以降、円高による製造業の不振、公共事業の減少、人口減少などにより地方の経済・雇用状況が悪化した時期である。

産業と人口の集中により大都市が過密になる一方で農山村の過疎が深刻化したのは、日本経済が高度成長の軌道に乗った一九六〇年代だった。過疎という言葉は公用語としては六六年七月、経済審議会地域部会の中間報告「二〇年後の地域経済ビジョン」で使われたのが最初だったとされる。(注3)その中ですでに「農山漁村、離島などの過疎地域では集落の再編成や計画的な移住を含む積極的な再開発(注4)」という、今日にも通じる問題が提起されている。

以来、政府も自治体も、過密・過疎を緩和し、産業、人口のバランスのとれた国土を形成することに努めてきた。六二年から九八年まで五次にわたって策定された全国総合開発計画（略称「全総計画」）。第五次は「二一世紀の国土のグランドデザイン」と改称）がその軌跡である。第一次から第五次までのキャッチフレーズは「拠点開発」「大規模プロジェクト」「定住」「多極分散型国土」「多軸型国土構造」と変わるが、地方の活性化は常に最重要テーマの一つだった。

個人の構想としては七二年、後に首相となる田中角栄通商産業大臣が自民党総裁選挙への出馬を前に発表した『日本列島改造論』(注5)が名高い。自治省(現・総務省)が初めて過疎白書をまとめたのと同年に刊行されたこの本で、田中は「工業生産を東京、大阪などから追出し、これを全国的な視野に立って再配分する」という工業再配置構想を打ち出した。「二次産業の地方分散を呼び水にして三次産業を各地域に誘導し、一次産業の高度化をはかる」という筋書きで、田中はこれを「過密と過疎の同時解決」と呼んだ。

「限界」の先には

全総計画時代の「開発・分散」政策に成果がなかったわけではない。例えば工業出荷額は、一九五五年には三大都市圏とそれ以外の地方圏が六〇対四〇という比率だったが、二一世紀入って早々にはわずかではある地方圏が上回るようになり、(注6)所得格差の縮小にも貢献した。しかし、そうした中でも人口の高齢化は年々進み、農山村の過疎はさらに進行した。そこでクローズアップされたのが高知大学教授の大野晃による「限界集落」論である。

大野は九一年に発表した論文で、(注7)山村集落が危機的状況に陥る過程を「存続集落」「準限界集落」「限界集落」に分けて分析した。それぞれの定義はおおむね以下のようなものである。

存続集落＝五五歳未満の人口が集落構成員の半数以上を占め、集落自治の担い手が再生産されることで集落を維持・存続させている。

準限界集落＝今のところ集落の自治機能は維持されているものの、集落を離れるあとつぎ層が多く、五五歳以上の人口が半数を超えている。

限界集落＝六五歳以上の人口が半数を超え、集落が独居老人世帯の滞留する場となるなど、社会的生活が困難な状態になっている。

そして限界集落が「限界」を超えた先にあるのは、戸数、人口ともゼロになった「消滅集落」である。

大野の提起した限界集落論は、発表当時にはそれほど反響を呼んだわけではなかった。しかし、全総計画に代わって二〇〇八年に閣議決定された国土形成計画の策定過程で集落の存続条件や消滅可能性が議論され、農水省による限界集落調査、国土交通省による消滅集落調査が行われたことなどを機にジャーナリズムの注目するところとなった。「限界集落」という言葉を含む新聞記事が〇六年から一挙に増える。(注8)

大野自身は「限界」についてていねいな説明を加えていたのだが、世間は「限界」というといささか冷たい響きの言葉に強く反応し、全国の過疎地で今にも多数の集落が消滅するかのような印象さえ与えた。これに対し、大野と同様に農山村の現実を熟知している研究者からは、「集落消滅はよほどのことがなければ生じるものではない」[注9]といった反論も出されたが、言葉の独り歩きは止まらなかった。

農山村の危機を端的に示すキーワードは「過疎」「限界集落」をへてついに「地方消滅」に至った。大野もまた「消滅」という言葉を使っているが、彼の場合は個々の集落について述べたのに対し、「増田レポート」の場合は集落の集合体である市町村の消滅を問題にしたものので、深刻さのレベルは全く異なると言ってよい。

「移住志向を軽視」と批判

「増田レポート」を「多くの自治体は冷静に受け止めてくれた」と増田自身は見た。「人口減少という現実を既に実感していたからだろう」[注10]というのが増田の認識だった。

しかし、それまで先進的に地域づくりをしてきた自治体や研究者たちの間では反発の声が噴出した。批判者たちが「増田レポート」の問題点としてあげたのは主に次の点である。

①人口問題を専門に研究している国立社会保障・人口問題研究所では将来人口の推計に当たり、地方から大都市圏への人口移動は一定程度に収束すると予測しているが、「増田レポート」はこれを否定し、それがいつまでも続くことを前提にしている。

②近年、特に二〇一一年の東日本大震災以降に起きている都市から農山村への移住の増加

傾向を過小評価している。

③二〇～三九歳の女性人口が現状の半分以下になったら「消滅可能性」と言うが、「半分以下」には根拠がない。

④人口一万人以下だと「消滅可能性」が高まるとしているが、一万人を境に何が変わるのか不明である。

批判者たちがとりわけ強調したのは、若者たちの農山村移住志向を軽視しているのではないか、ということである。一九九〇年代中ごろから目立ち始めたこの現象は二一世紀に入っていっそう顕在化した。帰農や農村移住の動向に敏感な農業雑誌『現代農業』(注11)は二〇〇二年に「青年帰農　若者たちの新しい生き方」、〇五年には「若者はなぜ、農山村に向かうのか」という増刊号を出している。島根県中山間地域研究センターの研究員だった藤山浩《こう》も早くからこの現象に気づき、一〇年ごろから「田園回帰」と呼び始めた。(注12)

田園回帰という言葉はもともと、大正時代（一九一二～二六年）に一部知識人の間で唱えられた帰農運動のスローガンとして使われたのが始まりとされる。(注13)ほぼ一世紀後に、新しい意味を込めてよみがえったわけである。一一年の東日本大震災以降、この現象はさらに広がる。

一九六〇年代から過疎問題に直面する中国山地の取材を続けている中国新聞は、四回目のシリーズとして、二〇一六年の元日から半年間にわたり「中国山地　過疎50年」を連載した。取材班は「消滅危機の集落が各地にあり、その数は増えていく可能性が高い」としながらも、「その一方で、都会から移住してきた二〇、三〇代の若者が少なくないことに目を見張った」と次のように述べている。

「戦後から七一年が過ぎ、若い世代の価値観の変化が大きく影響している。非正規雇用の若者が次々に解雇された〇八年のリーマン・ショック。原発事故に代表される、現代社会の危うさを露呈した一一年の東日本大震災。不安定な時代だからこそ、人のつながりが残り、自然も豊かな田舎に目を向ける若者の姿があった。(注14)」

4章4ではそうした若者たちの姿に目を向けたい。

〈注釈〉

（注1）東日本大震災による原子力発電所事故の影響で人口見通しが困難な福島県の市町村を除く。東京二三区及び二〇〇三年以前に政令指定都市となった一二市については区ごとに推計。

（注2）中央公論新社刊。

（注3）『日本経済新聞』一九六六年一〇月一一日「きょうのことば」。

（注4）『朝日新聞』一九六六年七月八日「二〇年後の地域経済ビジョン」。

（注5）日刊工業新聞社刊。以下の引用は七八～七九ページ。

（注6）国土交通省「新しい国土形成計画について」二〇〇六年。

（注7）大野晃「山村の高齢化と限界集落」。新日本出版社『経済』一九九一年七月号。なお「限界集落」という言葉自体はこれより前、一九九〇年二月三日の『日本農業新聞』連載「地域再生の選択8」に、大野の談話として引用されている。
（注8）日本経済新聞社のオンラインデータベースサービス「日経テレコン」で主要紙について検索。
（注9）山下祐介『限界集落の真実』一〇ページ。
（注10）増田寛也「農業の活性化で農村の人口減少に歯止め」（政策金融公庫『ＡＦＣフォーラム』二〇一五年六月号）。
（注11）農山漁村文化協会発行。
（注12）「田園回帰をたどって1」『朝日新聞』二〇一七年三月六日。
（注13）小田切徳美『農山村は消滅しない』一七八ページ。
（注14）中国新聞取材班編『中国山地　過疎50年』三ページ。

4　若者は農村を目指す

二〇一五年は「田園回帰元年」

「こんにちは。女性と子どもが増えている邑南町《おおなんちょう》です」――「増田レポート」で消滅可能性都市の一つとされた島根県邑南町の石橋良治町長はこう切り出した。(注1)増田寛也らによる「ストップ少子化・地方元気戦略」発表から二か月後の二〇一四年七月、中山間地域支援の活動を展開しているNPO法人中山間地域フォーラムが東京で開いたシンポジウムでのことである。シンポジウムの名は「はじまった田園回帰」、サブタイトルは「『市町村消滅論』を批判する」だった。

報告者の石橋は続ける。「邑南町には平成16（2004）年の合併(注2)当時216の集落がありましたが、どの集落として消滅しておりません。その意味でも、ぜひ増田レポートには対抗していきたい」。

早くから移住者の受け入れに最も熱心な自治体の一つだった邑南町には「田園回帰のため

の三つの戦略」がある。

第一は女性と子どもが輝く「日本一の子育て村」構想で、二子目からの保育料や中学校卒業までの医療費をどちらも無料にしたのをはじめ、医療、保健、福祉、教育などの面で安心して子育てができるよう町をあげて支援する。

第二は「A級グルメのまち」づくりである。町で自慢できる食材を使い、ここでしか味わえない食や体験ができる町づくりを言う。町内には旬の食材を味わえる店、伝統の味を楽しめる店など個性豊かな店が次々に生まれている。「A級」は「永久」の意味も含んでおり、一八年には邑南町のほか北海道鹿部町《しかべちょう》など五つの自治体による「にっぽんA級グルメのまち連合」も誕生した。

そして第三は定住相談、定住後のフォロー、空き家の改修補助など、行政による「徹底した移住者ケア」である。

石橋の報告によると、こうした戦略が実って、邑南町の人口は二〇一三年度に二〇人の社会増(注3)となった。三〇～三九歳の女性は五年前に比べ七・五％増加、特に三〇～三四歳は一一・二％増えた。合計特殊出生率(注4)は二・六五で、人口維持に必要とされる二・〇七をはるかに超えている。「頑張ればできるのです。邑南町はなんとかしこたえて(「がまんしてやりとげる」の意)おります」という石橋の発言にはこうした事実の裏付けがあった。

このシンポジウムと同じころには政府の文書でも「田園回帰」が取り上げられるようになった。一四年七月、国土交通省がまとめた「国土のグランドデザイン２０５０」には次のように書かれている。

「近年、特に東日本大震災以降、中国地方の中山間地・離島等で人口が社会増となるなど、若者や女性の『田園回帰』と呼ばれるような動きが起こっていることが指摘されている。このような新たな人の流れは、一時的又は地域限定的な現象であるのか、それとも我が国の社会全体に広がる大きなうねりとなっていく可能性があるのか、その動向を注視し、これを持続的地域づくりにつなげていけるかが課題である。」

翌一五年になると、食料・農業・農村基本計画、食料・農業・農村白書、さらに第二次国土形成計画でも田園回帰への言及があった。三つとも閣議決定された文書である。「農山村の『歩き屋』」と自称する小田切徳美《とくみ》（明治大学教授）は「政策的には、この２０１５年が『田園回帰元年』と呼ばれたとしてもおかしくない」と言う。(注5)

安倍晋三内閣が看板政策の一つに掲げ、「増田レポート」の示した方向と多くの点で一致する「まち・ひと・しごと創生」政策でも、一七年改訂の基本方針では「地域に『ひと』を呼び込むため、若い世代を中心に都市部から過疎地域等の地方へ移住しようとする『田園回帰』を促進」とうたった。田園回帰は安倍政権も認める新潮流とされたのである。

「半農半X」と「地域おこし協力隊」

内閣府の世論調査などにより、都市住民の相当数が農山漁村に定住したいという願望を持っていることはよく知られていたが、実際に移住した人の政府統計はない。この点で手掛かりになるのは、明治大学が二〇一四年にNHK、毎日新聞と共同で行った調査である。一定の条件を付けて控え目に見た数字ではあるが、一四年度の移住者数は全国で一万一七三五人と、〇九年度から五年間で四・一倍に増加した。(注6)

小田切は、近年の農村移住者の特徴的な傾向として、以下の五点をあげる。

①二〇～三〇歳代が目立つ。

②若い夫婦が多い。

③移住後の職業は従来は専業的農業だったが、今は農業以外に収入のある仕事を持つ「半農半X」型が多数を占める。

④移住の入口として総務省の「地域おこし協力隊」などの制度を積極的に利用する者が多い。

⑤移住者の多くは都市出身のIターン者だが、それが地元出身者のUターンを刺激している。(注7)

九〇年代から続く潮流に〇九年度の「地域おこし協力隊」制度創設で弾みが付き、さらに「二〇一一年の東日本大震災という若者の心を大きく揺さぶるインパクトにより、急速に顕在化した」もので、「決して一過性のブームではない点を確認する必要がある」と小田切は見る。(注8)

小田切のあげた「半農半X」とは、京都府綾部市出身の塩見直紀が一九九五年ごろに到達したライフスタイルを言う。彼は大阪で会社勤めをしつつ自らの生き方を模索する中で、作家・翻訳家である星川淳の「半農半著」に触発されてこの言葉を生み出した。その意味は「半自給的な農業とやりたい仕事を両立させる生き方」「エコロジカルな農的生活をベースに、天職や生きがいを求める生き方(注9)」である。「やりたい仕事」(X)は人それぞれに違ってよいが、社会に役立つものであってほしい。そこが単なる「田舎暮らし」とは異なる点である。塩見自身は九九年に退職して出身地へUターンし、自給的な農業のかたわら二〇〇〇年に「半農半X研究所」を立ち上げ、地域に貢献するさまざまな仕事を実践している。

一方、「地域おこし協力隊」は総務省が始めた事業である。(注10)都市から過疎地域などの条件不利地域に住民票を移すなど生活の拠点を移した者を地元自治体が「地域おこし協力隊員」として委嘱し、おおむね一~三年間、「地域協力活動」を行いながら、できればその地域に定住することを目的としている。地域協力活動とは地域ブランドや地場産品の開発・販売・

ＰＲといった地域おこしの支援、農林水産業への従事、住民の生活支援など幅広い内容で、隊員の活動に要する費用などを国が交付税の形で支援する。

同省の調査(注11)によると、一九年三月末までに任期を終えた四八四八人のうち七二％が二〇～三〇歳台だった。また任期終了後、同じ地域（活動地と同一または近隣の市町村）に定住している隊員の割合は六三％ときわめて高い。定住した者の仕事は**表４・４**のように多様であり、人材不足に悩む地域にとって頼れる存在となっている。

ハードルは低くなったが

農村への移住にはさまざまなハードルがある。常に指摘されてきたのは仕事、住宅、地域社会との関係の三つである。このうち住宅に関しては、多くの自治体が空き家のあっせんを行うようになっているから、一〇〇パーセント希望通りとは行かないまでもあまり困ることはなくなった。

また農村社会は閉鎖的で、よそ者にはなじみにくいとされてきたが、過疎が深刻化した今では移住者、とりわけ若い世代――できれば子どものいるカップル――は大歓迎である。長らく過疎脱出に取り組み、失敗も経験してきた福井県池田町長・杉本博文はこう言っている。「地域おこし協力隊として来ている若者の話を聞くと、農村は自分を人間扱いしてくれると

表４－４　地域おこし協力隊の任期を終えて定住した者の主な仕事

（単位：人）

就業状況	仕事	具体例	人数
起業	飲食サービス業	古民家カフェ、農家レストラン	151
	美術家（工芸を含む）	デザイナー、写真家、映像撮影者	110
	宿泊業	ゲストハウス、農家民宿	104
	六次産業	猪や鹿の食肉加工・販売	79
	小売業	パン屋、ピザ移動販売、農産物通信販売	73
	観光業	ツアー案内、日本文化体験	51
	まちづくり支援業	集落支援、地域ブランドづくり支援	42
事業承継	酒造・民宿等		11
就業	行政関係	自治体職員、議員、集落支援員	302
	観光業	旅行業、宿泊業	120
	農林漁業	農業法人、森林組合	86
	地域づくり・まちづくり支援業		74
	医療・福祉業		53
	小売業		46
	製造業		43
	教育業		36
	飲食業		33
就農等	農業		262
	林業		31
	畜産業		12
	漁業・水産業		4

（資料）総務省「令和元年度地域おこし協力隊の定住状況等に関する調査結果」（2020年１月）より作成。
（注）準備中・研修中を含む。

言っていました。また、大阪から家族で移住して来た人は、農村には子どもを教育する力もある、と言っています。（中略）見知らぬ隣人に警戒しなければならない都会の生活から、気軽に声を掛けてきたり、食べ物を分けてくれたりする田舎の生活に、日本人のDNAが応えるのです。(注12)」

　問題は仕事である。農村で仕事と言えばまず農業だが、農業に新規参入する人が苦労するのは土地、資金、技術の三つである。かつての移住者たちは、農業を始めるための農地を借りたり買ったりするのにさんざん苦労した。しかし現在は日本中に農家が耕作をあきらめた耕作放棄地やそれに近い休耕地があり、特に条件の良い土地にこだわらなければ見つけるのはそう難しくない。高齢で引退する農業者から移住者が経営をそっくり引き継ぐ「第三者継承」の事例も見られるようになった。

新規就農のための資金としては、年間一五〇万円を最長七年間給付する農業次世代人材投資資金（旧青年就農給付金[注13]）が利用でき、経営がひとまず軌道に乗るまでの力強い味方となっている。自治体やＪＡも金銭面に限らず、地域に応じて多様な支援策を用意している。

それでもなお技術の問題は残る。工業製品と違っていのちあるもの（動植物）を生産する農業で生計を立てるのは、技術の蓄積が乏しい新規就農者、特に非農家出身者には容易でない。多くの場合、農業以外にも収入源を見つけることで生計を立てるのだが、それは半農半Ｘに通じる生き方でもある。

とりわけ情報技術の高度化が「Ｘ」の発見に大きな効果をあげる時代になった。パソコンやスマートホンを持ち、インターネットを活用すれば、都会に住まなくても仕事ができる。地域にスーパーマーケットやコンビニはなくても、ネット通販でたいていのものは手に入るし、地域から都会に向けての情報発信も可能である。実際に移住者が地域のイベントや特産品の開発、情報発信などに力を発揮している例は少なくない。先の**表４－４**で言えば「まちづくり支援業」である。移住者たちがいろいろな仕事をこなすことから「多業」や「マルチワーク」という言葉も生まれた。

では田園回帰の潮流によって全国の農山村は「消滅」の淵からよみがえるのか。増田は危機を強調し、批判者は新しい人の流れを重視するが、批判者といえども前途を楽観しているわけでは決してない。二〇一五年に約一四万あった農業集落のうち、集落人口が九人以下でかつ高齢化率五〇％以上の「存続危惧集落」が同年の約二〇〇〇集落から二〇四五年には約一万集落に増えるという予測もある。(注14)

小田切は「増田レポート」が「特定の地域に対する撤退の勧めとして実質的に機能しはじめている」との懸念を表明したうえで、現場から見た農山村集落の動向を次のようにまとめている。(注15) なお繰り返しになるが、増田らの言う「地方」は市町村レベルを指しているの対し、小田切らは集落に目を向けていることに留意する必要がある。

①農山村の集落は基本的には強靱で、強い持続性を持つ。

②他方で、集落には「臨界点」もあり、元気そうに見える集落でも急速に活動が停滞することが各所で見られる。その引き金はしばしば自然災害であり、地域存続の強い意志が、自然災害のインパクトにより「諦め」に変わる。

③つまり農山村は「強くて、弱い」という矛盾的統合体であり、その将来は単純なトレン

ドの延長で予想できるものではない。極端な悲観論も、それを批判するあまりの楽観論も有効でない。

「関係人口」を増やせ

悲観論に立つか楽観論を信じるかはともかく、日本全体の人口が今後減り続けることは確実である。東京一極集中の流れも止まっていない。とすれば、一方に移住者の誘致で人口増加に成功する地域があれば、成果を挙げ損ねた地域では人口減少が進むことにならざるを得ない。あえて風刺マンガ風に描けば、小さくなるパイを日本中の「消滅可能性都市」が食い合う図である。

そのことをいち早く見抜き、「関係人口」という新しい考え方を提起したのは、東北の農水産物やその生産者、作物の歴史などの情報に「付録」として旬の食材を届ける『東北食べる通信』誌の編集長・高橋博之と、二〇〇〇年代半ばに「ロハス」(注16)という言葉を大ブレークさせた雑誌『ソトコト』の編集長・指出《さしで》一正だった。

高橋は一六年の著書で次のように書いた。

「地方自治体は、いずこも人口減少に歯止めをかけるのにやっきだが、相変わらず観光か定住促進しか言わない。しかし観光は一過性で地域の底力にはつながらないし、定住はハードルが高い。私はその間を狙えと常々言っている。（中略）交流人口と定住人口の間に眠る『関係人口』を掘り起こすのだ。（注17）」

同じ年に指出は、〇八年のリーマン・ショックと一一年の東日本大震災で価値観を揺さぶられた若者たちの間に、地域を良くするために自分も関わりたい、役に立ちたいという意識が広がっていることを指摘した。「関係人口」の中心はそのような世代である。指出は「関係人口における地域との関わり方」について四つのパターンがあることを具体例で示した。（注18）

①ローカルのシェアハウスに住んで、行政と協働でまちづくりのイベントを企画・運営するディレクター・タイプ

②東京でその地域のPRをするときに活躍してくれる都市と田舎をつなぐハブ的存在

③都会暮らしをしながら、ローカルにも拠点を持つ「ダブルローカル」の実践者

④圧倒的にその場所が好き、という熱烈なファン

ここで「関係人口」の定義をしておこう。公的な文書で初めて「関係人口」の意義を認めたのは総務省の「これからの移住・交流施策のあり方に関する検討会」が一七年に出した「中間とりまとめ」だった。そこでは特に東日本大震災以後、ボランティア活動を通じて地域と縁ができるなど、都市住民と「ふるさと」（地方）との関わり方が多様化していることを取り上げ、次のように述べている。

「長期的な『定住人口』でも短期的な『交流人口』でもない、地域や地域の人々と多様に関わる者である『関係人口』に着目することが必要である[注19]。」

「観光以上移住未満」という言い方もある。一過性の観光客ではなく、かと言って引っ越して住み着くのでもない、その間にある多様な関わり方を指す言葉である。人それぞれに「関係」の濃淡があってよい。また「関係」する地域は複数であっても構わない。

こうした動きを受けて、総務省は一八年、ホームページに「関係人口」の情報やイベントを紹介する「地域への新しい入り口『関係人口』ポータルサイト」を開設した。サイトを開くと、そこにはこう書かれている――「『ふるさと』見つけてみませんか」。

〈注釈〉

（注1）以下、石橋の発言は小田切徳美ほか『はじまった田園回帰』五八〜七二ページによる。

（注2）いわゆる「平成の大合併」で石見町《いわみちょう》、瑞穂町《みずほちょう》、羽須美村《はすみむら》が合併して邑南町が誕生した。

（注3）流入人口が流出人口を上回ること。

（注4）一人の女性が、出産可能とされる一五〜四九歳に産む子どもの数の平均。

（注5）小田切徳美・筒井一伸《かずのぶ》編著『田園回帰の過去・現在・未来』一一ページ。

（注6）前掲『田園回帰の過去・現在・未来』一一ページ。一四年度については一五年に追加調査を行った。

（注7）Iターンは出身地とは別の地域（特に都市から農山村）に移住すること。これに対し地方出身で大都市に住む者が出身地に戻ることはUターン、出身地とは別の地方に移住するのがJターンである。

（注8）前掲『農山村は消滅しない』一九二～一九六ページ。

（注9）塩見直紀『半農半Xという生き方』一八ページ。

（注10）農水省には〇八年度創設の「田舎で働き隊！」という類似の事業があったが、後に総務省と同じ「地域おこし協力隊」に名称変更した。

（注11）「令和元年度地域おこし協力隊の定住状況等に関する調査結果」（二〇二〇年）。

（注12）杉本博文「都市・農村共生社会の創造」。農政ジャーナリストの会発行・編集『日本農業の動き』一九〇号「人口減少と地方創生」一一〇ページ。

（注13）3章1を参照。

（注14）農林水産政策研究所「農村地域人口と農業集落の将来予測」二〇一九年。

（注15）前掲『農山村は消滅しない』四〇～四三ページ。

（注16）ロハス（LOHAS）は英語の lifestyles of health and sustainability を略した言葉で「健康と環境に配慮したライフスタイル」を言う。

（注17）高橋博之『都市と地方をかきまぜる』一〇七ページ。

（注18）指出一正『ぼくらは地方で幸せを見つける』二二〇ページ。

（注19）「中間とりまとめ」一七ページ。

あとがき

前著『食と農の戦後史』（一九九六年刊）のその後を書きたい、書かねばならないという思いは早くからあった。書名も『食と農の同時代史』と決め、それなりの準備をしてきたつもりだった。しかし結果としては農だけの同時代史になってしまった。限られた時間の中で広大な食の世界にまで足を踏み入れるには、今の私はあまりにも力不足であることを思い知らされた。

それればかりか、農業の中でも畜産、園芸（野菜、果樹、花きなど）にはほとんど触れていない。かつて農業産出額の五割以上を占めていた米のウエートが二割を切り、畜産、野菜に大きく水をあけられているのに、本書は相変わらず米中心に展開している。この点もまた忸《じく》怩《じ》たるものがある。

なお農業技術に関しては、たまたま二〇一七年から一九年にかけて（公社）大日本農会が「平成農業技術史研究会」を開き、その成果を『平成農業技術史』（農文協プロダクション、二〇一九年）として刊行した。私も顧問として参加する機会を与えられたので、ぜひ同書をご覧いただきたい。

(公財)日本農業研究所在籍中に書いた論文や研究会の記録は、すべてこの本の下敷きになっている。自由な研究の場を提供していただいた同研究所に改めて感謝の意を表する。

農政ジャーナリストの会はもの書きとしての私の原点である。原則として一つのテーマにつき三か月に四回、志を同じくするジャーナリスト仲間と開く研究会は、私にとって食と農の今を考える最良の場になっている。

執筆が終盤にかかった二〇一九年から二〇年春にかけて、この本にも登場していただいた梶井功、今村奈良臣、坂本多旦の三氏が相次いで他界された。長年にわたって教えを受けた三氏に本書をお届けできなかったことが心残りである。

若いころからの友人である創森社の相場博也社長には、この本の構想段階からたびたび適切な助言をいただいた。気長に原稿の完成を待って下さった相場氏に心から御礼を申し上げる。また、装丁を受け持っていただいた熊谷博人氏、デザインや写真提供、校正などの協力者の方々にも謝意を表したい。

本書をパーキンソン病とたたかう妻・清子に捧げる。

新型コロナウイルス感染症の蔓延により巣ごもり生活が続く中で

二〇二〇年一一月

岸　康彦

主な参考・引用文献

日本経済新聞社のオンラインデータベースサービス「日経テレコン」

新聞各紙（一般紙及び日本農業新聞）

国会議事録検索システム

農林水産省『農業白書』『食料・農業・農村白書』

荒幡克己『減反40年と日本の水田農業』　農林統計出版、二〇一四年

安藤光義編著『日本農業の構造変動―２０１０年農業センサス分析―』　農林統計協会、二〇一三年

石田一喜ほか『農業への企業参入　新たな挑戦』　ミネルヴァ書房、二〇一五年

今村奈良臣『私の地方創生論』　農山漁村文化協会、二〇一五年

宇佐美繁編著『日本の農業―その構造変動　１９９５年農業センサス分析』　農林統計協会、一九九七年

宇根豊『「田んぼの学校」入学編』　農村環境整備センター、二〇〇〇年

大泉一貫『希望の日本農業論』　ＮＨＫ出版、二〇一四年

大泉一貫『日本の農業は成長産業に変えられる』　洋泉社、二〇〇九年

大泉一貫編著『農協の未来』　勁草書房、二〇一四年

大内力編集代表『日本農業年報42・政府食管から農協食管へ』　農林統計協会、一九九五年

大内力編集代表『日本農業年報46・新基本法―その方向と課題』　農林統計協会、二〇〇〇年

主な参考・引用文献

大江正章『地域に希望あり』岩波書店、二〇一五年
大野晃『山村環境社会学序説』農山漁村文化協会、二〇〇五年
小田切徳美『農山村は消滅しない』岩波書店、二〇一四年
小田切徳美・筒井一伸編著『田園回帰の過去・現在・未来』農山漁村文化協会、二〇一六年
小田切徳美編『日本の農業─2005年農業センサス分析─』農林統計協会、二〇〇八年
小田切徳美ほか『はじまった田園回帰』農山漁村文化協会、二〇一五年
梶井功編『農業の基本法制』農林統計協会、一九九二年
神谷貢『日本における農政改革の10年　戦後農政からの脱却を目指して』農林統計協会、二〇〇二年
岸康彦『食と農の戦後史』日本経済新聞社、一九九六年
岸康彦編『世界の直接支払制度』農林統計協会、二〇〇六年
岸康彦編『農に人あり志あり』創森社、二〇〇九年
木村尚三郎『「耕す文化」の時代』ダイヤモンド社、一九八八年
木村尚三郎『美しい「農」の時代』ダイヤモンド社、一九九八年
佐伯尚美『米政策改革Ⅰ』農林統計協会、二〇〇五年
佐伯尚美『米政策改革Ⅱ』農林統計協会、二〇〇五年
佐伯尚美『米政策の終焉』農林統計出版、二〇〇九年
指出一正『ぼくらは地方で幸せを見つける』ポプラ社、二〇一六年
椎川忍ほか編著『地域おこし協力隊　10年の挑戦』農山漁村文化協会、二〇一九年

塩見直紀『半農半Xという生き方』ソニー・マガジンズ、二〇〇三年
生源寺眞一『現代日本の農政改革』東京大学出版会、二〇〇六年
生源寺眞一『農業再建』岩波書店、二〇〇八年
小農学会編著『新しい小農』創森社、二〇一九年
荘林幹太郎ほか『世界の農業環境政策』農林統計協会、二〇一二年
荘林幹太郎ほか『日本の農業環境政策』農林統計協会、二〇一八年
食糧制度研究会編集協力『食糧法の解説』地球社、一九九八年
食糧制度研究会編『新食糧法Q&A』地球社、一九九五年
食料・農業・農村基本政策研究会編著『〔逐条解説〕食料・農業・農村基本法解説』大成出版社、二〇〇〇年
戦後日本の食料・農業・農村編集委員会編集『食料・農業・農村の六次産業化』（『戦後日本の食料・農業・農村』第八巻）農林統計協会、二〇一八年
戦後日本の食料・農業・農村編集委員会編集『大規模営農の形成史』（『戦後日本の食料・農業・農村』第一三巻）農林統計協会、二〇一五年
戦後日本の食料・農業・農村編集委員会編集『21世紀農業・農村への胎動』（『戦後日本の食料・農業・農村』第六巻）農林統計協会、二〇一二年
高橋博之『都市と地方をかきまぜる』光文社、二〇一六年
田中角栄『日本列島改造論』日刊工業新聞社、一九七二年
田中輝美『関係人口をつくる』木楽舎、二〇一七年

中国新聞取材班編『中国山地　過疎50年』未來社、二〇一六年
中島紀一『有機農業政策と農の再生』コモンズ、二〇一一年
中村広次『検証・戦後日本の農地政策』全国農業会議所、二〇〇二年
二一世紀村づくり塾編『地域に活力を生む、農業の6次産業化』二一世紀村づくり塾、一九九八年
二一世紀村づくり塾編『農業の第6次産業化をめざす人づくり』二一世紀村づくり塾、一九九七年
日本経済新聞社編『ニッポンの「農力」』日本経済新聞出版社、二〇一一年
日本農業研究所編『食糧法システムと農協』農林統計協会、二〇〇〇年
長谷川久夫『このままでは直売所が農業をつぶす』ベネット、二〇一二年
二木季男『農産物直売所は生き残れるか』創森社、二〇一四年
藤山浩『田園回帰1%戦略』(「シリーズ田園回帰」①)農山漁村文化協会、二〇一五年
細川護熙『内訟録』日本経済新聞出版社、二〇一〇年
増田寛也『地方消滅』中央公論新社、二〇一四年
室屋有宏『地域からの六次産業化』創森社、二〇一四年
藻谷浩介・NHK広島取材班『里山資本主義』KADOKAWA、二〇一三年
山下一仁『わかりやすい中山間地域等直接支払制度の解説』大成出版社、二〇〇一年
柳在相『JAイノベーションへの挑戦』白桃書房、二〇〇九年
山下祐介『限界集落の真実』筑摩書房、二〇一二年
OECD著・空閑信憲ほか訳『OECDリポート　農業の多面的機能』食料・農業政策研究センター、二〇〇一年

8月　超党派の議員立法による棚田地域振興法施行、基本方針閣議決定

9月　改正農協法によりＪＡ全中が社団法人となる

10月　消費税８％から10％に引き上げ、軽減税率を導入

10月　食品ロス削減推進法施行

10月　日米貿易協定、ワシントンで両国が署名

12月　農水省、農林漁業成長産業化支援機構（A－FIVE）の投資を20年度末で終了と決定

◆2020（令和２）年

1月　日米貿易協定発効

1月　農水省調査で2018年の農業総産出額９兆558億円、４年ぶり減少

2月　国交省発表、３大都市圏で「関係人口」推計1000万人超

3月　農水省発表、農協の組合員数16年ぶりに減少

3月　食品ロス削減推進基本方針を閣議決定

4月　農産物輸出促進法施行

4月　新型コロナウイルスの感染拡大で７都府県に緊急事態宣言

7月　棚田地域振興法に基づく活動計画、石川県の３地域が初の認定

8月　農水省発表、2019年度の食料自給率38％で微増、上昇は11年ぶり

この年　春以降、新型コロナウイルス感染症対策によるテレワークの普及を機に地方移住が増加

11月　農水省、米の生産数量目標に代え18年産の「適正生産量」を決定、数量は据え置き

◆2018（平成30）年

3月　チリ・サンチアゴで米国を除く11か国がＴＰＰ協定（ＴＰＰ11）に署名

3月　東京オリパラ組織委員会が飲食提供の基本戦略に国産食材優先、ＧＡＰ認証取得など盛り込む

4月　農業保険法（旧農業災害補償法）施行、2019年産から収入保険導入

4月　主要農作物種子法廃止

6月　民泊新法（住宅宿泊事業法）施行、健全な民泊サービスの普及を目指す

8月　総務省がホームページに「関係人口ポータルサイト」を開設

11月　（一社）日本農福連携協会発足、会長に元農水省事務次官の皆川芳嗣

12月　国連総会が「小農権利宣言」を採択、米英など反対、日本は棄権

12月　ＴＰＰ11が発効

◆2019（平成31、令和元）年

1月　国連「家族農業の10年」始まる、2028年まで

2月　日ＥＵ・ＥＰＡ発効、日本の農産品は82％関税撤廃

2月　ヤンマーアグリ、業界初の自動田植機を発売

3月　第28回ＪＡ全国大会「創造的自己改革の実践」を決議

4月　改正出入国管理法施行、「特定技能」による外国人労働者の受け入れ始まる

4月　栃木など８県の農協中央会が連合会に組織変更

5月　令和と改元、新天皇即位

6月　省庁横断の農福連携推進会議が「農福連携等推進ビジョン」をまとめる

8月　農水省発表、2018年度の食料自給率37％、米が凶作だった1993年と並び最低

６月　地理的表示保護法施行
９月　国連サミット、ＳＤＧs（持続可能な開発目標）を採択
10月　農水省、15年産主食用米の作付面積発表、初めて過剰作付け解消
10月　第27回ＪＡ全国大会「創造的自己改革への挑戦」を決議
11月　ＴＰＰ総合対策本部、「総合的なＴＰＰ関連政策大綱」決定
11月　福岡市で小農学会設立総会開く、代表に萬田正治、山下惣一

◆2016（平成28）年
２月　ＴＰＰ交渉がまとまり、12か国が協定文に署名
４月　改正農地法施行、「農業生産法人」を「農地所有適格法人」に、要件も大幅緩和
４月　改正農協法施行、ＪＡ全中の社団法人化など
９月　改正国家戦略特区法施行、企業の農地所有に道
11月　政府、ＪＡ全農改革などの「農業競争力強化プログラム」を決定
この年　農業構造動態調査（２月１日現在）で農業就業人口200万人切る
この年　『東北食べる通信』の高橋博之と『ソトコト』の指出一正が「関係人口」を提起

◆2017（平成29）年
１月　トランプ米大統領、ＴＰＰ永久離脱の大統領令に署名、再交渉にも応じず
３月　全国農福連携推進協議会設立、会長にＪＡ共済総研主席研究員の濱田健司
４月　青年就農給付金が2017年度から農業次世代人材投資資金と変更
６月　クボタ、ロボットトラクター（60馬力）を発売
６月　「未来投資戦略2017」閣議決定
７月　農協貯金残高、６月末で100兆円を超える、農林中金発表
８月　農業競争力強化支援法施行

11月　農林水産業・地域の活力創造本部、米政策見直し「制度設計の全体像」を決定
12月　農林水産業・地域の活力創造本部、「農林水産業・地域の活力創造プラン」決定
12月　『中央公論』12月号に増田寛也ほかによるレポート「壊死する地方都市」
この年　農協の組合員数が1000万人を超える

◆2014（平成26）年

1月　安倍首相、施政方針演説で「いわゆる『減反』を廃止する」と発言
3月　農地バンク法施行
4月　消費税５％から８％に引き上げ
5月　農山漁村再生可能エネルギー法施行
5月　日本創成会議「ストップ少子化・地方元気戦略」(増田レポート）発表
5月　国家戦略特区法による農業特区に新潟市と兵庫県養父市を指定
6月　規制改革会議第２次答申、農協改革求める
7月　国交省「国土のグランドデザイン2050」が「田園回帰」を取り上げる
9月　人口減少の克服と地方創生の司令塔「まち・ひと・しごと創生本部」設置、本部長は安倍首相
11月　全中、「ＪＡグループの自己改革について」を決定
11月　まち・ひと・しごと創生法公布・施行
12月　「まち・ひと・しごと創生長期ビジョン」「まち・ひと・しごと創生総合戦略」閣議決定
この年　国連が定めた「国際家族農業年」

◆2015（平成27）年

3月　食料・農業・農村基本計画（第４次）が「田園回帰」に言及
4月　多面的機能発揮促進法施行
4月　食品表示法施行、機能性食品の表示始まる

3月　六次産業化・地産地消法の六次産業化関連部分施行
3月　東日本大震災起こる、東京電力福島第一原発で事故
4月　農業者戸別所得補償制度本格実施
6月　「トキと共生する佐渡の里山」と「能登の里山里海」が日本で初めて世界農業遺産に認定

◆2012（平成24）年
4月　青年就農給付金制度創設
4月　日本農業法人協会が一般社団法人から公益社団法人に移行
7月　民主党政権の新しい経済成長戦略「日本再生戦略」閣議決定
11月　東アジア首脳会議、ＲＣＥＰ交渉立ち上げを宣言、2013年交渉開始へ
12月　官民ファンドで六次産業化を支援する（株）農林漁業成長産業化支援機構法施行
12月　衆院選に圧勝した自民党が政権復帰、第２次安倍晋三内閣発足

◆2013（平成25）年
1月　農水省、攻めの農林水産業推進本部を設置
2月　官民ファンドの（株）農林漁業成長産業化支援機構（A－FIVE）開業
3月　安倍首相、ＴＰＰ交渉参加を正式表明
3月　農水省、「食品トレーサビリティシステム導入の手引き」を公表
4月　農水省、ＪＥＴＲＯなどによる「輸出倍増プロジェクト」スタート
5月　政府、安倍首相を本部長とする農林水産業・地域の活力創造本部設置
6月　安倍政権の成長戦略を具体化した「日本再興戦略」閣議決定
7月　マレーシアで開催のＴＰＰ交渉会合に日本が初めて参加
10月　産業競争力会議農業分科会で新浪剛史主査が米の生産調整目標配分廃止を提起

この年　日本の総人口１億2808万4000人でピーク（総務省人口推計、10月１日現在）
この年　佐渡市で「朱鷺と暮らす郷づくり認証制度」開始

◆2009（平成21）年
３月　農業法人に対し新規就農者の研修経費を助成する「農の雇用事業」開始
４月　総務省の2009年度事業で「地域おこし協力隊」発足
７月　米の新しい用途開発を進める米粉・飼料用米法施行
７月　イオン、100％出資子会社「イオンアグリ創造」を設立して農業に参入
９月　政権交代、民主党の鳩山由紀夫を首相に社会民主党、国民新党との連立内閣成立
９月　吉野家、横浜市の農家と共同出資で「吉野家ファーム神奈川」設立
12月　農地法抜本改正施行、リースによる企業の参入全面自由化、「平成の農地改革」
この年　総合農協の准組合員数が正組合員数を上回る

◆2010（平成22）年
４月　農業者戸別所得補償制度をモデル対策として実施、米に対する直接支払い開始
４月　農水省、宮崎県で口蹄疫感染牛を確認と発表、2000年に宮崎県、北海道で発生して以来
６月　民主党政権の経済成長戦略「新成長戦略」閣議決定
６月　ローソンが農業参入、農業者と共同出資で「ローソンファーム千葉」設立
10月　菅直人首相、所信表明演説でＴＰＰ交渉参加を検討すると表明
10月　名古屋市で開かれた生物多様性条約締約国会議（ＣＯＰ10）、名古屋議定書を採択
12月　六次産業化・地産地消法公布、地産地消関連部分施行

◆2011（平成23）年

始
7月　「経営所得安定対策等実施要綱」決定、2007年度から新しい米需給調整システムへ移行
9月　安倍首相、所信表明演説で2013年までに農林水産物・食品の輸出1兆円の目標を掲げる
12月　議員立法による有機農業推進法公布・施行

◆2007（平成19）年

3月　農水省、有機農業推進法に基づく初の有機農業推進基本方針まとめる
4月　米政策改革、品目横断的経営安定対策、農地・水・環境保全向上対策から成る経営所得安定対策スタート
7月　農水省、初の「農林水産省生物多様性戦略」を決定
7月　参院選で「農業者戸別所得補償制度」を打ち出した民主党が大勝
8月　農山漁村活性化法施行
12月　改正食品リサイクル法施行
この年　「米づくりの本来あるべき姿」の第2段階「農業者・農業者団体が主役となる需給調整システム」へ移行
このころ　老舗、有名ブランドで食品の偽装表示、賞味期限改ざんなど不祥事が多発

◆2008（平成20）年

4月　農水省「田舎で働き隊！」（農村活性化人材育成派遣支援モデル事業）開始
6月　議員立法による生物多様性基本法公布・施行
7月　全国総合開発計画に代わる初の国土形成計画閣議決定
7月　農商工等連携促進法施行
8月　セブン＆アイ、ＪＡ富里市の組合員と共同出資で「セブンファーム富里」設立
9月　消費者庁新設
9月　米国の証券会社リーマン・ブラザーズ破綻、世界的金融危機起こる（リーマン・ショック）
12月　規制改革会議、第3次答申で2009年中の減反廃止を提案

12月　米国でＢＳＥ感染牛発見、米国産牛肉の輸入停止
12月　農水省、農林水産環境政策の基本方針策定、環境保全を重視する農林水産業へ移行

◆2004（平成16）年
１月　山口県の採卵養鶏場で鳥インフルエンザ発生、国内での発生は79年ぶり
２月　吉野家、ＢＳＥ発生による米国産牛肉の輸入停止で牛丼販売を一時休止
４月　改正食糧法施行、米の計画流通制度廃止、価格・流通の全面自由化
４月　滋賀県「環境こだわり農業協定」による直接支払い開始
11月　家畜排せつ物法全面施行
この年　2004年産米から減反目標面積配分（ネガ方式）に代えて生産数量目標を配分（ポジ方式）

◆2005（平成17）年
３月　農水省、「環境と調和のとれた農業生産活動規範」（後のGAP＝農業生産工程管理）策定、補助事業の要件化へ
４月　福岡県、「県民と育む『農の恵み』モデル事業」開始
５月　平成16（2004）年度の食料・農業・農村白書が六次産業化の事例を紹介
７月　食育基本法施行
９月　改正農業経営基盤強化促進法施行、全国どこでもリース方式による企業の農業参入可能に
10月　「経営所得安定対策等大綱」決定、担い手の経営に重点を置く政策に転換

◆2006（平成18）年
２月　モスフードサービスが野菜くらぶなどとトマト生産子会社を設立
３月　政府の食育推進会議、食生活改善と健康増進を目的とする初の食育推進基本計画を決定
５月　食品衛生法改正により残留農薬のポジティブリスト制度開

この年　生産調整目標面積100万haを超える
この年　兵庫県市島町が環境保全型農業に直接支払い開始

◆2002（平成14）年
4月　ＢＳＥ問題に関する調査検討委員会最終報告、農水省の過去の対応に重大な失敗と指摘
4月　ワタミが「ワタミファーム」を設立し、千葉県山武町で農業に参入
10月　農林中金とＪＡ宮城信連が統合、全国の信連で初めて
11月　生産調整研究会が最終報告「水田農業政策・米政策再構築の基本方向」まとめる
11月　日本初のＦＴＡ（自由貿易協定）がシンガポールとの間で発効
12月　農水省「米政策改革大綱」決定、2004年度から生産調整は生産数量（ポジ方式）で実施へ
12月　総合規制改革会議第２次答申、初めて農協の事業・組織・経営の抜本見直しを提起
12月　「バイオマス・ニッポン総合戦略」閣議決定
この年　スターゼン、全農チキン、日本ハムなどで食肉の偽装表示問題相次ぐ
この年　兵庫県豊岡市で「コウノトリ育む農法」の普及始まる

◆2003（平成15）年
3月　農協のあり方についての研究会報告「農協改革の基本方向」まとまる
4月　構造改革特別区域法施行
4月　滋賀県環境こだわり農業推進条例施行
7月　1947年以来の食糧庁が廃止され、食糧部と消費・安全局に
7月　食品安全基本法施行、内閣府に食品安全委員会設置
9月　改正農業経営基盤強化促進法施行、農業生産法人への出資規制緩和
10月　木之内均らが農業新規参入者研修組織の「ＮＰＯ阿蘇エコファーマーズセンター」設立
12月　牛トレーサビリティ法施行、耳標、出生日届け出の義務化

料取締法は2000年施行）

◆2000（平成12）年

３月　食料・農業・農村基本計画（第１次）閣議決定
３月　米の一代雑種「みつひかり2003」品種登録
４月　中山間地域等直接支払制度始まる
４月　47都道府県の共済農協連と全共連が一斉統合、ＪＡ共済連発足
４月　農水省、宮崎市の肉用牛に口蹄疫発生を確認、国内では92年ぶり
４月　塩見直紀、「半農半Ｘ研究所」開設
11月　農協系統の事業・組織に関する検討会報告「農協改革の方向」
11月　ＪＡ紀の里のファーマーズマーケット「めっけもん広場」オープン
12月　ＪＡあいち知多「ＪＡあぐりタウンげんきの郷」開業、「食と農のテーマパーク」と呼ばれる
この年　（株）野菜くらぶ、研修者の独立支援プログラムを作る

◆2001（平成13）年

１月　中央省庁再編で１府12省庁スタート、環境庁が環境省に、農水省に総合食料局、経営局
１月　シンガポールとの間で日本初のＦＴＡ（自由貿易協定）交渉開始
３月　改正農地法施行、農業生産法人の要件見直し、譲渡制限付きで株式会社の設立可能に
４月　改正ＪＡＳ（日本農林規格）法による有機農産物の認証制度始まる
４月　滋賀県が「環境こだわり農産物」の認証制度を創設
５月　食品リサイクル法施行
９月　千葉県白井市でＢＳＥ（牛海綿状脳症）の感染牛が見つかる、国内発生第１号
11月　カタールのドーハで開いたＷＴＯ閣僚会議、新ラウンド開始の閣僚宣言

4月　容器包装リサイクル法施行
4月　愛媛県内子町で道の駅を運営する第３セクター「内子フレッシュパークからり」創立
7月　全国農業法人協会と全国農業会議所が大阪で全国初の合同会社説明会を開く
11月　「新たな米政策大綱」決定、稲作経営安定対策を創設
12月　京都市で地球温暖化防止会議（ＣＯＰ３）が開かれ、京都議定書を採択

◆1998（平成10）年
9月　食料・農業・農村基本問題調査会が答申
10月　ＪＡ全農と宮城、鳥取、島根の３県経済連が全国で初めて合併
12月　ＮＰＯ法（特定非営利活動促進法）施行
12月　「農政改革大綱」「農政改革プログラム」決定、農水省に新基本法農政推進本部
12月　ＷＴＯに米の輸入関税化受け入れを通告、1999年４月から関税化へ
この年　制御機器メーカー・オムロンの子会社が北海道千歳市に大型植物工場を建設して農業参入

◆1999（平成11）年
4月　奈良県農業協同組合（ＪＡならけん）誕生、全国初の県単一ＪＡ
4月　改正食糧法施行、米の輸入関税化移行
5月　約1200法人で（社）日本農業法人協会設立総会、初代会長に坂本多旦
6月　ＷＴＯ農業交渉へ向けて日本提案（第１回）、多面的機能を中心に
7月　食料・農業・農村基本法公布・施行
8月　中山間地域等直接支払制度検討会報告まとまる
10月　「水田を中心とした土地利用型農業活性化対策大綱」決定、麦・大豆・飼料作物本格生産へ
この年　環境３法のうち持続農業法、家畜排せつ物法施行（改正肥

付表３　年表・農の同時代史

◆1995（平成７）年

１月　ＷＴＯ（世界貿易機関）発足
１月　阪神・淡路大震災発生
１月　農水省発表の食料需給表で1993年度の食料自給率37％、米の凶作で初めて40％割る
２月　青年等就農促進法施行、ウルグアイ・ラウンド関連法の一つ
４月　ウルグアイ・ラウンド農業合意がスタート
４月　食糧法の一部（国境調整関連部分）施行
８月　ミニマム・アクセス米の第１便、オーストラリア産約390トンが横浜港に到着
９月　高知県檮原町で第１回棚田（千枚田）サミット開く
10月　生物多様性国家戦略（第１次）閣議決定
11月　食糧法全面施行、米部分管理へ移行、1942年以来の食管法廃止
この年　全国の耕作放棄地面積が東京都の総面積に迫る

◆1996（平成８）年

６月　食糧法に基づく卸・小売の新規参入登録始まる
８月　任意団体の全国農業法人協会設立総会開く、会長に船方総合農場の坂本多旦
９月　農業基本法に関する研究会が報告
10月　初の小選挙区比例代表制総選挙、自民党が勝利
11月　飢餓と貧困解消を目指す初の世界食糧サミット、ローマで開く
この年　輸入食品の安全性に対する不安にこたえ食肉と生鮮野菜５品目に原産国表示義務づけ

◆1997（平成９）年

４月　消費税率３％から５％に引き上げ

時代区分

食の時代区分		
期間（年）	呼称	主な内容
1945～54	飢餓脱出期	45**敗戦・配給**→遅配・欠配、都会では餓死者続出、タケノコ生活（皮を剝ぐように所有品を売って生活費に） 46ララ（米国の慈善団体）物資と余剰農産物で学校給食、後半には配給辞退も、52麦間接統制
1955～69	内食充実期	55**米豊作**でゆとり、62米消費量ピーク、粉食奨励→そこへ56キッチンカー 便利な製品＝冷凍食品・冷凍すり身・チキンラーメン、ダイニングキッチンに電化製品
1970～79	外食発展期	70**外食元年**＝外食チェーン続々、飲食店から外食「産業」へ 郊外に買ったマイホームからマイカーで家族一緒にファミリーレストランへ＝豊かさの象徴
1980～90	飽食・グルメ期	80**日本型食生活答申**、バブルの中で飽食、85健康づくりのための食生活指針 後半、コンビニ・移動販売車の弁当が伸び始める
1991～99	中食興隆期	91**バブル崩壊**で節約志向、92食料支出ピーク、97外食停滞・中食急成長 食の乱れが問題になる半面、有機野菜への関心、デパ地下繁盛
2000～	（食の見直し期）	00**食生活指針**閣議決定、00スローフード、03食品安全基本法、05食育基本法 さまざまな食のリスク顕在化→「安全」と「安心」がセットで言われる

3．主な内容の項目前の数字は年（西暦）、数字がないものは「このころ」の意。

付表２　戦後70年・農と食の時代区分

付表２　戦後70年・農と食の

農の時代区分		
期間（年）	呼称	主な内容
1945～54	食糧増産期	45**敗戦・米凶作**（作況指数67）→強権供出・ジープ供出 46農地改革による農村民主化→52農地法――生産意欲増大、49米作日本一 品種改良、農業機械、農薬など新技術による生産増加
1955～69	高度成長期	55**供出廃止**、55**米大豊作**――その中で60米価に生産費・所得補償方式 57農業白書「日本農業の五つの赤信号」→61農業基本法＝二つの格差解消へ→結果は三ちゃん農業 「畜産３倍果樹２倍」「歩く農業から乗る農業へ」
1970～84	過剰時代	70総合農政＝米の生産調整、その後２度の過剰米処理、74ミカン生産調整 70農地法大改正＝借地主義に転換、農地保有合理化事業→80利用増進法 71有機農業研究会発足
1985～98	グローバル化時代	85**市場開放アクションプログラム**、85プラザ合意、86前川レポート、86ＵＲ（ウルグアイ・ラウンド） 86～87価格政策全面転換、93米部分開放受け入れ、92「新しい食料・農業・農村政策の方向」（新政策）、初めて「３連結」 95食管法廃止→食糧法
1999～	（農の再出発期）	99**食料・農業・農村基本法**、38年続いた農業基本法廃止 00中山間地域等直接支払制度（初の直接支払い） 07品目横断的経営安定対策→10戸別所得補償制度→13経営所得安定対策 15TPP（環太平洋パートナーシップ）交渉合意

（注）１．2015年８月７日、農政ジャーナリストの会の研究会で「戦後70年の食と農」と題して行った報告の資料を一部手直しした。
２．農の1999年以降、食の2000年以降は報告当時、期待を込めて仮に「農の再出発期」「食の見直し期」とした。

構成対比②

農業基本法（1961 ～ 1999年）		
章	条	内　　容
4		**農業構造の改善等**
	15	家族農業経営の発展と自立経営の育成
	16	相続の場合の農業経営の細分化の防止
	17	協業の助長
	18	農地についての権利の設定又は移転の円滑化
	19	教育の事業の充実等
	20	就業機会の増大
	21	農業構造改善事業の助成等
	22	農業構造の改善と林業
5		**農業行政機関及び農業団体**
	23	農業行政に関する組織の整備及び運営の改善
	24	農業団体の整備
6		**農政審議会**

付表1　新旧基本法の構成対比

新旧基本法の

食料・農業・農村基本法（1999年～）			
章	節	条	内　　容
	3		**農業の持続的な発展に関する施策**
		21	望ましい農業構造の確立
		22	専ら農業を営む者等による農業経営の展開
		23	農地の確保及び有効利用
		24	農業生産の基盤の整備
		25	人材の育成及び確保
		26	女性の参画の促進
		27	高齢農業者の活動の促進
		28	農業生産組織の活動の促進
		29	技術の開発及び普及
		30	農産物の価格の形成と経営の安定
		31	農業災害による損失の補てん
		32	自然循環機能の維持増進
		33	農業資材の生産及び流通の合理化
	4		**農村の振興に関する施策**
		34	農村の総合的な振興
		35	中山間地域等の振興
		36	都市と農村の交流等
3			**行政機関及び団体**
		37	行政組織の整備等
		38	団体の再編整備
4			**食料・農業・農村政策審議会**

（出所）岸康彦「食と農の現在―世紀をまたぐ10年の鳥瞰図―第２部　農の現在」（日本農業研究所『農業研究』第20号、2007年）24ページ。

（注）１．審議会の各条と附則は略。

２．カッコ内は著者が補った。

構成対比①

農業基本法（1961 ～ 1999年）		
章	条	内　　容
		前文
1		**総則**
	1	国の農業に関する政策の目標
	2	国の施策（８項目）
	3	地方公共団体の施策
	4	財政上の措置等
	5	農業従事者等の努力の助長
	6	農業の動向に関する年次報告
	7	施策を明らかにした文書の提出
2		**農業生産**
	8	需要及び生産の長期見通し
	9	農業生産に関する施策
	10	農業災害に関する施策
3		**農産物等の価格及び流通**
	11	農産物の価格の安定
	12	農産物の流通の合理化等
	13	輸入に係る農産物との関係の調整
	14	農産物の輸出の振興

付表1　新旧基本法の

食料・農業・農村基本法（1999年～）			
章	節	条	内　　　容
			（前文なし）
1			**総則**
		1	目的
		2	食料の安定供給の確保（理念①）
		3	多面的機能の発揮（理念②）
		4	農業の持続的な発展（理念③）
		5	農村の振興（理念④）
		6	水産業及び林業への配慮
		7	国の責務
		8	地方公共団体の責務
		9	農業者等の努力
		10	事業者の努力
		11	農業者等の努力の支援
		12	消費者の役割
		13	法制上の措置等
		14	年次報告等
2			**基本的施策**
	1		**食料・農業・農村基本計画**
		15	（食料・農業・農村基本計画）
	2		**食料の安定供給の確保に関する施策**
		16	食料消費に関する施策の充実
		17	食品産業の健全な発展
		18	農産物の輸出入に関する措置
		19	不測時における食料安全保障
		20	国際協力の推進

アルファベット順

さくいん（五十音順・アルファベット順）

は

ひ

ふ

そ

た

―――― す ――――

―――― せ ――――

―――― さ ――――

―――― し ――――

さくいん（五十音順・アルファベット順）

く

け

こ

さくいん（五十音順・アルファベット順）

＊ページは本文、注釈、図表から抽出（太字は用語が見出しに含まれているページを示す）

有機栽培の水田にサギが飛来（栃木県野木町）

●

装丁 ——— 熊谷博人
デザイン ——— ビレッジ・ハウス
写真 ——— 舘野廣幸　三宅 岳　讃井ゆかり
セブン&アイ・ホールディングス
イオンアグリ創造　ほか
校正 ——— 吉田 仁

著者プロフィール

●岸 康彦（きし やすひこ）
農政ジャーナリスト。

1937年、岐阜県に生まれる。早稲田大学第一文学部卒業。1959年、日本経済新聞社入社、主として農林水産業・地方問題を担当。岡山支局長、高松支局長、東京本社速報部長をへて、85年、論説委員。97年、愛媛大学農学部教授。2002年、日本農業研究所研究員。11年、同研究所理事長。12年、日本農業経営大学校校長。この間、米価審議会、林政審議会、食料・農業・農村政策審議会等の委員、臨時委員を歴任。

著書『市場開放とアグリビジネスの選択』（柏書房、1988年）、『食と農の戦後史』（日本経済新聞社、1996年）、『雪印100株運動～起業の原点・企業の責任～』（共著、創森社、2004年）、『世界の直接支払制度』（編、農林統計協会、2006年）、『農に人あり志あり』（編、創森社、2009年）など。

農《のう》の同時代史《どうじだいし》――グローバル化《か》・新基本法下《しんきほんほうか》の四半世紀《しはんせいき》

2020年12月4日　第1刷発行

著　　者――岸《きし》 康彦《やすひこ》
発 行 者――相場博也
発 行 所――株式会社 創森社
〒162-0805 東京都新宿区矢来町96-4
TEL 03-5228-2270　FAX 03-5228-2410
http://www.soshinsha-pub.com
振替00160-7-770406
組　　版――有限会社 天龍社
印刷製本――中央精版印刷株式会社

 ISBN978-4-88340-346-2 C0061